LES

GAZ RARES

DES GRISOUS

PAR

Charles MOUREU,

Membre de l'Institut et de l'Académie de médecine,
Professeur à l'École supérieure de pharmacie de Paris,

ET

Adolphe LEPAPE,

Chef de laboratoire à l'Institut d'Hydrologie et de Climatologie.

(Extrait des ANNALES DES MINES, livraison de Mai 1914.)

PARIS

H. DUNOD et E. PINAT, ÉDITEURS

47 et 49, Quai des Grands-Augustins, 47 et 49

1914

LES GAZ RARES DES GRISOUS

TOURS. — IMPRIMERIE DESLIS FRÈRES ET C¹ᵉ.

LES
GAZ RARES
DES GRISOUS

PAR

Charles MOUREU,
Membre de l'Institut et de l'Académie de médecine,
Professeur à l'École supérieure de pharmacie de Paris,

ET

Adolphe LEPAPE,
Chef de laboratoire à l'Institut d'Hydrologie et de Climatologie.

(Extrait des ANNALES DES MINES, livraison de Mai 1914.)

PARIS

H. DUNOD ET E. PINAT, ÉDITEURS
47 et 49, Quai des Grands-Augustins, 47 et 49

1914

LES
GAZ RARES DES GRISOUS

—

INTRODUCTION.

Les grisous ont déjà fait, à divers points de vue, l'objet de nombreux travaux. Nous mentionnerons tout spécialement, à cause de son grand intérêt et parce qu'il est dans le même ordre d'idées que celui de nos propres recherches, un important travail de Th. Schlœsing fils sur la composition de ces gaz naturels. En dehors de la partie combustible, qui, d'après Th. Schlœsing, est généralement formée de méthane pur, le même auteur y a toujours rencontré de l'azote accompagné d'argon (*).

Les études que l'un de nous poursuit, depuis 1895, sur les gaz rares présents dans les *gaz spontanés* (**) des sources thermales (avec, depuis 1906, la collaboration, successivement, de M. Robert Biquard, puis de M. Adolphe Lepape), l'ont naturellement amené à s'occuper d'autres mélanges gazeux souterrains ; et les grisous devaient offrir, sous ce rapport, un intérêt tout particulier. Th. Schlœsing ayant bien voulu lui abandonner l'étude du sujet, nous avons entrepris un examen approfondi de la fraction *non combustible*, constituée en grande partie par de

---

(*) *Annales des Mines*, janvier 1897.
(**) Nous désignons sous ce nom les mélanges gazeux qui se dégagent spontanément aux griffons des sources.

l'azote (*azote brut*), et qui, d'après nos prévisions, devait
contenir, outre l'argon, qu'y avait signalé Th. Schlœsing,
les quatre autres gaz rares : hélium, néon, krypton, xénon.

Nous croyons utile, avant d'entrer dans le détail de nos
expériences, de rappeler d'abord quelques points essentiels concernant les gaz rares, et de présenter ensuite un
résumé de nos travaux sur les gaz des sources thermales (*).

Notre Introduction aura, de ce fait, une certaine éten-
due, qui pourra *a priori* sembler exagérée. Nous estimons
cependant que cette condition est indispensable pour qu'on
puisse comprendre aisément le reste du Mémoire, et, en
particulier, les considérations qui seront développées dans
le chapitre III. Ce sont d'ailleurs nos recherches sur les
gaz rares des sources qui nous ont révélé toute l'importance que présente l'étude de la dissémination de ces éléments dans la Nature, et il y a là un vaste problème, qui
domine aussi bien la question des gaz de sources que
celle des grisous. Au surplus, il résulte de nos recherches
que l'*azote brut* (azote + gaz rares) des grisous possède
une composition analogue à celle de l'azote brut des
sources thermales (**). Nos procédés expérimentaux et nos
réflexions à propos des gaz rares de sources s'applique-
ront donc aussi aux gaz rares des grisous. De la sorte, les
chapitres suivants, outre ce qu'ils y gagneront en clarté
et en simplicité, s'en trouveront allégés notablement, et
le parallèle que nous établirons entre les gaz de sources
et les grisous pourra se présenter avec le relief désirable
et avec tout son intérêt.

En dehors des gaz des sources thermales et des grisous,

(*) Ces travaux ont fait l'objet d'un mémoire d'ensemble publié dans
le *Journal de Chimie-Physique*, t. XI, n° 1, p. 63-154 (1913).

(**) Les résultats de nos déterminations ont été déjà communiqués à
l'Académie des Sciences (30 octobre 1911, 20 novembre 1911, 2 mars 1914,
23 mars 1914).

divers autres mélanges naturels (gaz de pétrole, etc.) ont été aussi étudiés. Nous aurons soin, à l'occasion, de rappeler ces travaux, de faire les rapprochements utiles, et d'en déduire les conséquences qu'ils comportent.

I. — GÉNÉRALITÉS SUR LES GAZ RARES.

L'argon fut découvert à Londres, dans l'air atmosphérique, en 1894, par Lord Rayleigh et Sir William Ramsay (*). Cette date est une des plus importantes de l'Histoire des Sciences. L'argon, en effet, se montrait rebelle à toute combinaison, et c'était là une absolue nouveauté.

Dès l'année suivante, l'hélium, qu'on savait, depuis l'éclipse de soleil du 18 août 1868 (Frankland et Lockyer, Janssen), exister dans le Soleil, fut extrait par Ramsay d'un minéral uranifère, la cléveite. Peu après, sa présence était reconnue dans l'air par H. Kayser, de Bonn, ainsi que dans diverses étoiles. Nous verrons plus loin qu'il se produit dans la désintégration des substances radioactives.

C'est également de l'air que, dans le laboratoire de Ramsay, le krypton, le néon et le xénon furent retirés successivement, en 1898 (Ramsay et Travers).

Les cinq nouveaux gaz sont des corps simples, des éléments.

L'étude de leurs propriétés a montré qu'ils constituent une famille naturelle.

Entre autres caractères communs, mentionnons les suivants, particulièrement remarquables :

1° Ils se sont montrés jusqu'ici absolument inertes au point de vue chimique : on n'a encore pu combiner aucun

---

(*) Congrès de la *British Association* (Oxford, août 1894).

d'eux avec un corps quelconque, et on n'en connaît aucun composé défini;

2° D'après le rapport $\dfrac{C}{c}$ des chaleurs spécifiques à pression constante aux chaleurs spécifiques à volume constant, rapport qui a été déterminé en mesurant la vitesse du son dans ces gaz, leurs molécules sont formées d'un seul atome ;

3° Ils présentent des spectres très nets de lignes.

Voici leurs principales constantes :

	POIDS du litre normal (en grammes) $t = 0°$ $H = 760^{mm}$	POIDS atomiques	POINTS d'ébullition sous 760^{mm}	TEMPÉRATURES critiques (en degrés centigr.)	PRESSION critique (en atmosphères)
Hélium.........	0,1782	3,99	— 268°,5	—268,0	2,3
Néon.........	0,9002	20,2	— 243°	< — 218	29
Argon.........	1,7809	39,88	— 186°,1	—122,44	47,996
Krypton........	3,708	82,92	— 151°,7	— 62,50	54,3
Xénon.........	5,851	130,2	— 109°,1	+ 16,6	58,2

D'après les plus récentes déterminations, l'air atmosphérique renferme les proportions suivantes des cinq gaz :

	PROPORTIONS DANS 100 PARTIES D'AIR	
	En poids	En volumes
Argon..............	1,29	0,932.36
Néon	0,001.247	0,001.81
Hélium.............	0,000.738	0,000.54
Krypton...........	0,000.014.1	0,000.004.9
Xénon	0,000.002.66	0,000.000.59

Il résulte de nos recherches que les cinq gaz sont présents dans l'atmosphère interne comme dans l'atmosphère externe de la Terre. Ils accompagnent partout l'azote libre dans la Nature, mais toujours en faible proportion. C'est pour cette raison que, eu égard aux gaz courants (azote, oxygène, anhydride carbonique, etc.), on les désigne généralement sous le nom de *gaz rares*.

II. — LES GAZ RARES DES SOURCES THERMALES.

A. — Historique. — Hélium et substances
RADIOACTIVES.

a) Dès la publication des premiers travaux de Lord Rayleigh et Sir W. Ramsay, l'attention des physiciens et des chimistes fut appelée sur les diverses sources gazeuses qu'on rencontre dans la Nature, en vue de la recherche spéciale des nouveaux et si curieux éléments. Un certain nombre de gaz spontanés de sources thermales furent rapidement étudiés (Rayleigh et Ramsay, H. Kayser, Bouchard et Troost, Moureu, A. Kellas et Ramsay, Bouchard et Desgrez, Ramsay et Travers, Bamberger ; Nasini, Anderlini et Salvadori ; Bamberger et Landsiehl, Parmentier et Hurion, Liveing et Dewar, Moissan). Si on y trouvait généralement l'argon, dans maintes de ces sources on ne réussissait pas à caractériser l'hélium ; la présence du néon était reconnue dans une seule source ; quant au krypton et au xénon, on ne les signalait nulle part en dehors de l'air atmosphérique.

b) En 1903, Ramsay et Soddy annoncèrent que le radium et son émanation (qui est un véritable gaz radioactif) produisent, spontanément et d'une manière continue, de l'hélium (*). Quelque temps après cette observation des

---

(*) Rappelons brièvement en quoi consistent les phénomènes essentiels de la radioactivité. Nous considérerons spécialement le radium, le corps radioactif que nous connaissons le mieux.

Le *radium* est un élément instable, dont l'atome (poids atomique, 226,4) se fragmente graduellement. Outre l'hélium (poids atomique, 4),

savants anglais, Debierne montre que l'actinium produit également de l'hélium. Puis, successivement, la formation d'hélium a été observée : à partir du thorium et de l'uranium par Soddy, aux dépens du polonium par Mme Curie et Debierne, et à partir de l'ionium par Boltwood.

Ces faits, qui sont les premiers exemples bien certains de transmutation, se conçoivent aisément à la lumière des travaux qui ont été effectués sur les rayons α émis par les corps radioactifs, et qu'on doit principalement à Sir E. Rutherford. Il résulte, en effet, de ces travaux, que les rayons α sont tous de même nature, et constitués par des atomes d'hélium portant des charges électriques positives (particules α) et animés de grandes vitesses (en moyenne 20.000 kilomètres par seconde). D'après cela, l'hélium doit être un des produits de désin-

élément stable et non radioactif, le radium fournit, d'abord, une première substance, un gaz radioactif, auquel Sir E. Rutherford a donné le nom d'*émanation* (Sir W. Ramsay a proposé récemment le nom de *niton*, à cause de la propriété que possède cette substance à l'état liquide de luire dans l'obscurité). Ce gaz (poids atomique, 222,4) se détruit spontanément en donnant un nouveau corps, le *radium A*, qui, à son tour, se convertit en *radium B*. Le radium B engendre le *radium C*, et Rutherford a pu suivre les transformations jusqu'au *radium F*, lequel est identique au *polonium*; celui-ci aboutit enfin à un dernier élément stable, qui paraît être le *plomb* (poids atomique, 207,1). Les termes successifs de désintégration, à partir du radium A inclus, sont tous solides, et ils se déposent au fur et à mesure sur les objets plongés dans l'émanation. Leur ensemble a reçu le nom d'*activité induite*. Au cours de cette dégradation progressive de ses atomes, le radium libère, sous forme de lumière, de chaleur, d'électricité et de rayons analogues aux rayons X, d'énormes quantités d'énergie. — D'une manière générale, aux détails et à l'intensité près, des phénomènes analogues s'observent chez les diverses substances radioactives. — Ajoutons que si le radium a des descend?... il a aussi des ascendants. L'ancêtre le plus ancien qu'on lui connaisse est l'uranium (poids atomique, 238,4), d'où il dérive suivant un processus analogue au précédent. — Observons, enfin, qu'il n'est pas impossible que tous les éléments chimiques soient radioactifs. La radioactivité serait alors une propriété générale de la matière et, dans quelques substances seulement, le phénomène présenterait une intensité suffisante pour pouvoir être constaté avec nos moyens actuels d'investigation.

tégration de tous les éléments radioactifs qui émettent des particules α.

D'un autre côté, de délicates et nombreuses recherches, qui ont été continuées sans interruption jusqu'à nos jours, et parmi lesquelles celles d'Elster et Geitel, de Boltwood, d'Eve, de Bumstead et Wheeler, de R. J. Strutt, de Blanc, de Joly, etc., sont particulièrement remarquables, indiquaient la présence universelle de traces de matières radioactives dans l'atmosphère, le sol, les minéraux et les roches.

En ce qui concerne spécialement les sources, les expériences se poursuivaient aussi de divers côtés. Mentionnons les recherches de Sir J. J. Thomson (1902), puis de H.-S. Allen et Lord Blithswood, et de R. J. Strutt, en Angleterre ; de Pochettino et Sella, et de R. Nasini, en Italie ; de H.-A. Bumstead et L.-D. Wheeler, en Amérique ; de F. Himstedt, en Allemagne ; et surtout, en France, un travail d'ensemble de Pierre Curie et Albert Laborde (1904), portant, avec des déterminations quantitatives d'émanation, sur une vingtaine de sources. Ces divers auteurs trouvaient généralement, en proportions d'ailleurs très variables, l'émanation du radium dans les gaz spontanés des sources et en dissolution dans les eaux, et, parfois même, le radium à l'état de sel dans les eaux, les boues et les sédiments. Toute une pléiade de physiciens et de chimistes se sont, depuis, occupés du même sujet. A l'heure actuelle, on peut évaluer à plusieurs milliers le nombre de sources qui ont été examinées à ce point de vue. Comme on pouvait le prévoir, d'après ce qui a été dit plus haut de la diffusion des substances radioactives dans l'écorce terrestre, toutes les sources ont été trouvées plus ou moins radioactives. Aussi, dans la pratique, ne considère-t-on comme telles que celles qui le sont notablement plus que l'air ou l'eau courante (*).

_____

(*) On sait — nous nous bornons à le rappeler en passant — tout l'in-

c) La découverte fondamentale de Ramsay et Soddy (production d'hélium par le radium) concordait avec la présence constante, préalablement établie, de l'hélium dans les minéraux radioactifs, et aussi dans l'atmosphère terrestre, où l'on trouvait des traces d'émanation du radium et du thorium. Si l'on généralisait, l'hélium devait être, en quelque sorte, le compagnon, dans la Nature, des corps radioactifs, à côté desquels il fallait s'attendre à le rencontrer partout. On pouvait se demander, d'ailleurs, si certaines matières radioactives, connues ou inconnues, et plus ou moins répandues au sein de la Terre, ne seraient pas susceptibles de subir des transformations du même ordre aboutissant, en dehors de l'hélium, à des corps de la même famille : néon, argon, krypton, xénon.

Ce sont ces considérations, et aussi la pensée qu'un grand travail d'ensemble pourrait apporter des documents utiles, en outre, à la Géologie, à l'Hydrologie proprement dite, à la Physique du globe et à la Médecine thermale, qui engagèrent l'un de nous, en 1903, à reprendre activement l'étude des gaz des eaux minérales. Aussi bien celles-ci, par leur grand nombre et par la variété de leurs origines souterraines, offraient-elles un champ d'expérience aussi vaste que propice.

A un autre point de vue, ces recherches venaient d'ailleurs fort à propos. C'est en effet au même moment qu'Armand Gautier poursuivait ses belles études chimiques sur les roches ignées, à la suite desquelles il formula sa théorie si hardie et si séduisante du volcanisme et de la genèse des eaux thermales(*). Une discussion allait s'ouvrir, où les données expérimentales entreraient surtout en ligne de compte.

térêt que présente la radioactivité des sources au point de vue de l'hydrologie médicale.

(*) *La genèse des eaux thermales et ses rapports avec le volcanisme* (*Ann. des Mines*, mars 1906, p. 316-374).

B. — COMPOSITION GÉNÉRALE DES GAZ SPONTANÉS
DES SOURCES THERMALES.

Les sources dont l'étude constitue la base expérimentale de nos recherches sont au nombre de 70. Elles sont presque toutes françaises, et elles présentent d'ailleurs une grande variété dans leurs minéralisations comme aussi dans leurs origines géologiques.

a) **Résultats qualitatifs.** — Nous avons observé la présence constante de l'azote, fréquemment accompagné de proportions plus ou moins notables d'anhydride carbonique, moins souvent d'oxygène et de gaz combustibles, tout au moins en quantités appréciables.

Voici nos résultats quant aux gaz rares :

L'hélium a été recherché et reconnu dans	69	sources	
Le néon	—	—	65 —
L'argon	—	—	70 —
Le krypton	—	—	47 —
Le xénon	—	—	47 —

En résumé, les cinq gaz rares ont été caractérisés par nous, sans aucune exception, dans toutes les sources où nous les avons recherchés. Nous en concluons qu'ils sont présents dans toutes les sources.

Rappelons que l'émanation du radium a été trouvée aussi dans toutes les sources où on l'a recherchée.

b) **Résultats quantitatifs**(*). — La composition centésimale des gaz spontanés peut être extrêmement différente suivant les sources, comme l'est la composition de l'eau

(*) On trouvera toutes les données numériques, rassemblées en un tableau général, dans le mémoire du *Journal de Chim.-Physique*, t. XI, n° 1, p. 63-154 (1913).

minérale elle-même, ce qu'avaient observé depuis longtemps les chimistes hydrologues.

Souvent absent, l'oxygène, quand il est présent, s'y
rencontre généralement en faible proportion, et il en est
de même des gaz combustibles. L'anhydride carbonique
peut aussi manquer complètement ; mais il arrive parfois,
au contraire, que la proportion en est très élevée, et
dans quelques sources, comme celle de Chomel, à Vichy,
le gaz de l'eau minérale peut être considéré comme de
l'anhydride carbonique pratiquement pur. Il ne semble
pas que l'azote soit jamais totalement absent : souvent il
prédomine, et on avait cru pendant longtemps qu'il cons-
tituait seul ou presque seul l'élément gazeux de certaines
sources (*aguas azoadas* des Espagnols ; la plus célèbre
est celle de Panticosa, en Aragon).

Les proportions des gaz rares varient dans de larges
limites. On trouve, par exemple, que, pour 100 volumes
de gaz spontané brut, il y a une proportion de mélange
global des gaz rares égale à : 0,019 à Vichy (Grande-
Grille), 0,69 à Salins-Moutiers, 1,85 à Néris, 2,04 à
Luxeuil (Grand-Bain), 3,36 à Grisy (Source d'Ys), 6,59
à Maizières (Source Romaine), 10,88 à Santenay (Source
Lithium).

Nous n'avons pas encore dosé le néon dans nos mélanges, mais, d'après des essais sommaires, nous pouvons affirmer qu'il n'y en a jamais que des traces.

Nous avons reconnu également que les proportions de
krypton et de xénon étaient toujours extrêmement
faibles.

Essentiellement variables sont les proportions d'hélium. Pour 100 volumes de gaz spontané brut, on
trouve, par exemple, 0,0015 à Vichy (Chomel), 0,207 à
Plombières (source Vauquelin), 0,893 à Saint-Honoré,
1,83 à Bourbon-Lancy (source Lymbe), 5,77 à Maizières, 10,16 à Santenay (source Lithium). Les gaz

spontanés des sources de Santenay sont les plus riches connus en hélium. On voit à quel degré peuvent atteindre les concentrations en hélium, et ce fait est extrêmement remarquable.

Les proportions d'argon présentent également de fortes variations, depuis 0,0027 p. 100 à Vichy (Chomel), jusqu'à 1,643 p. 100 à Plombières (Vauquelin), où nous avons la plus forte teneur. Il est remarquable que les proportions d'argon, loin d'égaler certaines valeurs très élevées de l'hélium, ne dépassent jamais notablement celle qu'il présente dans l'atmosphère (0,93 p. 100).

Les teneurs en émanation du radium sont, elles aussi, essentiellement variables, allant depuis une fraction de millimicrocurie (*) jusqu'à plusieurs centaines de millimicrocuries par litre. Les plus fortes, dans les sources françaises qui ont été étudiées jusqu'ici, se rencontrent à la Bourboule, Bagnères-de-Luchon et Plombières. Exceptionnellement riches sont les gaz spontanés de Badgastein, qui renferment 508,8 millimicrocuries par litre.

A titre de comparaison, rappelons que la teneur moyenne de l'atmosphère en émanation du radium est voisine de un dix-millième de millimicrocurie par litre.

c) Débits gazeux (**). — Il convient de rapprocher les résultats qui précèdent de quelques données d'un autre ordre. Nous avons mesuré les débits en gaz spontanés

---

(*) Le millimicrocurie est le milliardième du curie (10⁻⁹ curie). Le curie, unité internationale d'émanation du radium adoptée au Congrès de radiologie de Bruxelles (septembre 1910), est la quantité d'émanation en équilibre avec 1 gramme de radium métal (soit 0ᵐᵐ3,6), c'est-à-dire la quantité maxima d'émanation que l'on peut obtenir en enfermant 1 gramme de radium dans un vase clos. Pratiquement, cette limite supérieure est atteinte au bout d'un mois, la proportion d'émanation qui se détruit alors à tout moment égalant celle qui se produit durant le même temps.

(**) On trouvera toutes les données numériques dans le mémoire du *Journal de Chimie-Physique*, t. XI, n° 1, p. 63-154 (1913).

de diverses sources. En combinant les valeurs trouvées avec les compositions centésimales, nous avons obtenu, pour chaque source, les débits en chacun des gaz.

Il résulte de ces mesures que les débits des diverses sources, tant pour les gaz rares que pour les gaz totaux, peuvent être très différents. Les sources de Luxeuil, d'Ax et de Maizières ont des débits en gaz rares et hélium déjà importants. La source du Lymbe, à Bourbon-Lancy, et la source Carnot, à Santenay, sont remarquables par leurs débits d'hélium (10.020 litres et 17.845 litres d'hélium par an). La source qui dégage le plus d'argon est celle de Saint-Joseph, à Aliseda (75.477 litres par an), et celle qui a le plus fort débit d'hélium est la source César, à Néris (33.990 litres par an). Les sources de Bourbon-Lancy, Santenay et Néris sont de véritables gisements d'hélium.

En ce qui concerne l'émanation du radium, les quantités en équilibre varient également dans des limites très étendues. La source la plus remarquable est celle de Choussy, à la Bourboule, qui est susceptible de fournir 65.650 microcuries d'émanation, et qui est par conséquent équivalente à 65.650 microgrammes (soit 65,650 milligrammes) de radium.

D'autres sources, curieuses aux mêmes points de vue, et peut-être plus riches encore, seront sans doute signalées dans l'avenir. Mais, d'ores et déjà, il est acquis que les sources thermales déversent sans cesse des quantités relativement considérables de gaz rares, et, spécialement, d'hélium et d'émanations radioactives, dans l'atmosphère.

C. — Conclusions. — Observations
et considérations diverses.

Les multiples résultats ou remarques qui ont fait l'objet des paragraphes précédents aboutissent à une conclusion aussi nette que générale : sans parler des gaz courants (azote, anhydride carbonique, etc.), toutes les sources contiennent une série d'autres gaz ; de l'hélium, du néon, de l'argon, du krypton, du xénon et des émanations radioactives, dont elles amènent sans cesse au jour des quantités notables et fort différentes, suivant les sources.

Ce fait et la présence des gaz rares et des émanations radioactives dans l'air atmosphérique sont ainsi en parfait accord. Si, d'autre part, on se place au point de vue quantitatif, trois remarques principales s'imposent immédiatement à l'esprit : 1° l'extrême variété de composition des mélanges gazeux des sources, contrastant avec la fixité presque absolue de composition de l'air ; 2° l'absence complète ou presque complète de l'oxygène dans la plupart des sources, alors que l'air en contient une proportion notable (un cinquième environ) ; 3° les teneurs souvent énormes des gaz des sources en hélium, tandis que, dans l'air, il n'en existe qu'une très faible proportion (1/200.000 en volume) ; 4° la richesse considérable en émanation du radium de certaines sources.

Pour ne considérer que les gaz rares et les émanations radioactives, conformément à l'objet principal de notre travail, on sait le lien étroit qui rattache l'hélium aux corps radioactifs, et cette relation, ainsi que les débits d'hélium, suggèrent diverses réflexions intéressantes concernant la Physique du Globe et l'Astrophysique.

Il arrive enfin, quand on compare certaines données analytiques, qu'on découvre, entre ces éléments chimiquement inertes que sont les gaz rares, des relations numériques simples et systématiques, qui conduisent à élargir encore, dans le même ordre d'idées et d'une manière fort imprévue, le cadre de notre sujet.

Nous allons envisager successivement ces divers points.

a) **Hélium des sources et radioactivité.** — L'hélium est un des éléments gazeux de toutes les sources. Ce fait expérimental constitue une vérification complète de notre conception initiale. L'hélium, en effet, se produit dans la désintégration des substances radioactives, et des traces de celles-ci se rencontrent partout dans le sol et le sous-sol (minéraux, roches, eaux minérales, gaz). On devait donc trouver l'hélium dans toutes les sources.

Ce résultat capital étant acquis, divers points sont intéressants à examiner.

Remarquons, tout d'abord, qu'il n'existe aucun parallélisme, même grossier, entre la radioactivité des sources et les proportions d'hélium. Telle source, riche en hélium, sera peu radioactive, alors que telle autre, fortement radioactive, sera pauvre en hélium.

Cette absence de proportionnalité entre l'hélium des sources et leur radioactivité entraîne à elle seule, presque fatalement, la conclusion qu'il n'y a qu'une partie de l'hélium des sources qui provienne de la destruction actuelle des substances radioactives présentes dans les terrains traversés. On s'en rend d'ailleurs aisément compte par le raisonnement suivant :

Parmi les substances radioactives que peuvent contenir les sources, considérons la seule émanation du radium, à laquelle, au surplus, la généralité des sources semblent devoir pratiquement toute leur radioactivité. Nous savons que cette émanation se détruit de moitié environ en quatre jours (exactement de moitié en

3,85 jours), et nous savons, en outre, que cette destruction est accompagnée de production d'hélium. Dans son parcours, la source, à tout instant, a drainé de nouvelles doses d'émanation, dont la destruction graduelle l'a enrichie sans cesse en hélium. Soit, pour fixer les idées, le cas de la source Vauquelin, de Plombières, qui est fortement radioactive. Elle débite, en une journée, $98^{cm3},6$ d'hélium. Si on calcule, d'après les résultats des mesures effectuées directement sur du radium par Ramsay, par J. Dewar, par Boltwood et Rutherford, le poids de radium capable de produire en un jour l'émanation d'où provient cette dose d'hélium, on obtient le chiffre énorme de 230 kilogrammes. Et si l'on suppose, pour se rapprocher des conditions de la Nature, cette masse de radium disséminée dans les roches de l'écorce terrestre — dont la teneur moyenne en radium est de l'ordre de quelques millièmes de milligramme par tonne — on trouve que le poids des roches dont l'eau minérale aurait dû prendre toute l'émanation qu'elles produisent en un jour serait d'au moins 46 milliards de tonnes. Ces chiffres fabuleux sont évidemment invraisemblables. Il est impossible que, dans une journée, une source thermale puisse lessiver 46 milliards de tonnes de roches. Et une très minime fraction seulement de l'hélium de la source Vauquelin a pu être engendrée par l'émanation rencontrée. Or cette source est à la fois une des plus radioactives et une des moins riches en hélium de toutes celles que nous avons étudiées. Le raisonnement qui précède s'appl'querait donc, a fortiori, aux sources faiblement radioactives et riches en hélium.

Il est ainsi hors de doute que, dans la grande généralité des cas, il n'y a qu'une infime fraction de l'hélium des sources qui provienne des substances radioactives entraînées par elles dans leur parcours. Sauf cette minime partie, l'hélium des sources, dans les terrains traversés, existait préformé (libre ou occlus), et l'eau, après l'avoir dégagé en désagrégeant les minéraux et les roches, l'a entraîné jusqu'à la surface. Si donc il y a, dans les sources, de l'hélium de formation récente, et même actuelle : de l'hélium *jeune*, la presque totalité, sans aucun doute, est très ancienne : c'est de l'hélium *fossile;* et son âge moyen doit être moindre, à la vérité, mais du même ordre que celui des minéraux qui l'ont cédé à la source (millions de siècles?).

En résumé, il n'existe aucune uniformité, même approximative, dans les rapports entre la radioactivité et l'hélium des sources : la relation est purement qualitative. Mais elle est générale et absolue : toutes les sources sont plus ou moins radioactives, toutes aussi contiennent de l'hélium (*).

b) **Constance de certains rapports numériques. — Théorie astrophysique explicative.** — 1. Les teneurs de nos mélanges en chacun des corps gazeux (gaz ordinaires ou gaz rares) que nous avons rencontrés peuvent différer d'une source à une autre dans des limites très étendues. Toutefois, si les valeurs absolues des nombres sont essentiellement variables, on observe, par contre, quelques relations simples quand on compare les proportions de certains éléments deux à deux.

Ce sont les résultats de nos dosages de krypton qui nous révélèrent tout l'intérêt que pouvait présenter la considération des rapports mutuels des proportions des gaz rares (**).

(*) Dans le mémoire du *Journal de Chimie-Physique*, t. XI, n° 1, p. 63-154 (1913), diverses autres considérations ont été développées, notamment sur l'hélium de l'atmosphère dans ses rapports avec l'hélium que fournirait la masse de radium capable de maintenir constante la chaleur terrestre.

(**) Ch. Moureu et A. Lepape, *Comptes rendus des séances de l'Académie des Sciences*, 27 mars 1911, 16 octobre 1911.

Envisageons le rapport, en volumes, du krypton à
l'argon dans les sources, et comparons-le au même rapport dans l'air, que nous prendrons pour unité.

L'étude de 19 gaz spontanés de sources et 1 gaz volcanique (gaz du Vésuve) nous a donné comme limite inférieure 1,1 et comme limite supérieure 1,8.

On voit ainsi que : 1° les limites entre lesquelles varie
le rapport krypton-argon dans ces mélanges naturels sont
très étroites ; 2° les valeurs du rapport krypton-argon y
sont voisines de celles du même rapport dans l'air ; 3° le
rapport krypton-argon, dans ces mélanges, se montre
toujours supérieur à la valeur qu'il présente dans l'air.
Réservant ce dernier point, nous retenons ici un fait essentiel : la constance *approximative* du rapport krypton-
argon dans les mélanges gazeux naturels.

On a déjà rencontré, en étudiant les corps radioactifs,
plusieurs rapports constants entre les proportions de deux
substances déterminées dans des milieux différents (*).
Serait-ce que l'argon et le krypton sont issus l'un de
l'autre, comme le radium l'est de l'uranium ? Rien, dans
l'état actuel du sujet, n'autorise à le supposer, attendu
qu'on n'a jamais constaté le moindre indice de radioactivité chez l'un ou l'autre de ces deux gaz.

En cherchant ailleurs l'explication, nous avons été
conduits au raisonnement suivant :

2. Un caractère fondamental domine toutes les propriétés de l'argon et de ses congénères (gaz rares); ces
éléments sont chimiquement inertes, en ce sens qu'ils
n'ont jamais pu être combinés ni entre eux ni avec aucun
autre corps. Une propriété physique de ces mêmes éléments, qui intervient aussi dans notre raisonnement, est
la faculté qu'ils possèdent de conserver l'état gazeux
entre de très larges limites de température et de pres-

(*) M. Urbain a fait une observation analogue pour quelques terres
rares.

sion, et, par suite, de tendre toujours à se répartir uniformément dans tout l'espace offert à leur expansion.

Reportons-nous par la pensée, dans l'Histoire de la genèse du système solaire, jusqu'à la nébuleuse génératrice. Tous les corps, éléments libres ou combinaisons, sont à l'état gazeux, et la masse, grâce à d'inévitables tourbillons et brassages, doit être un mélange relativement homogène dans toutes ses parties. Le fragment constitutif de la Terre se détache, et celle-ci comprend bientôt trois régions concentriques : une masse incandescente en fusion, une écorce solide essentiellement hétérogène, et l'atmosphère gazeuse. Les phénomènes géologiques, lents et continus, ou brusques et violents, se poursuivent sans interruption. Au cours de cette incessante évolution de la planète, tous les corps doués d'affinités chimiques ont contracté des combinaisons mutuelles. Seuls les gaz rares, en vertu de leur inertie chimique, sont restés en totalité libres, et, en quelques points ou par quelques mécanismes qu'ils se soient concentrés où dilués, ils n'ont pu qu'être des témoins indifférents et respectés de tous les bouleversements géologiques qui se sont accomplis et de toutes les métamorphoses dont la Matière a été le siège.

Considérons spécialement le krypton et l'argon. Il est clair que le rapport entre les proportions de ces deux gaz devait être sensiblement le même, au début, en tous points de la nébuleuse. Si, dans la suite des temps, il est arrivé qu'il se soit altéré localement, des actions physiques ont seules pu en être la cause : occlusion, diffusion, dissolution, etc., et ce rapport n'a, par conséquent, dû subir, dans les divers points de la Planète, que de faibles modifications. En d'autres termes, le mélange des deux gaz doit, à ce point de vue, se comporter sensiblement comme un gaz unique.

Cette théorie, comme on le voit, n'emprunte à l'Astronomie et à la Géologie que les conceptions classiques sur l'Évolution des Mondes. Ayant son point de départ dans la phase astronomique de la Terre, elle est indépendante de toute hypothèse sur la genèse des eaux thermales.

3. Plusieurs conséquences découlent immédiatement de cette manière de voir :

α) Tout d'abord la suivante : Nos cinq éléments étant chimiquement inertes, c'est-à-dire assurés de rester toujours en liberté, et gazeux, c'est-à-dire en perpétuel mouvement dans tous les sens, il doit se retrouver au moins un peu de chacun d'eux dans tous les mélanges gazeux de la Nature. En fait, les nombreuses expériences que nous avons exécutées établissent que, de même qu'ils existent dans l'atmosphère, les cinq corps sont présents dans tous les mélanges de gaz qui se dégagent aux griffons des sources; et nous montrerons plus loin, en outre, qu'ils font aussi partie constitutive des grisous.

β) En second lieu, notre raisonnement, relatif aux rapports krypton-argon, doit, sauf raisons spéciales, s'appliquer aussi aux autres gaz rares.

En fait, le rapport dans l'air étant, comme ci-dessus, pris pour unité, nous avons trouvé pour les rapports xénon-krypton, dans 17 sources, des valeurs variant de 1,2 à 2,5 ; le même rapport a été trouvé égal à 1,2 dans le gaz volcanique du Vésuve. Malgré que le champ de variation soit ici relativement étendu, on voit que la valeur de chaque rapport oscille, dans des limites assez étroites, autour d'une valeur moyenne, laquelle est, d'ailleurs, voisine de celle qu'il possède dans l'air ; et l'impression de constance se dégage nettement de l'examen d'ensemble des nombres que l'expérience a fournis.

Nous poursuivons des recherches dans le même ordre d'idées sur le néon.

γ) Quant à l'hélium, on n'aperçoit nulle proportionnalité entre ce gaz et aucun autre gaz quelconque. Les

rapports hélium-argon, par exemple, si on prend pour
unité le rapport hélium-argon dans l'air, varient, dans
les gaz spontanés de sources étudiés par nous, de 7,49
à 26.327. La raison de l'absence de toute uniformité dans
ces rapports est aisée à concevoir. Nous savons que,
partout dans l'écorce terrestre, de l'hélium se produit
continuement aux dépens des corps radioactifs ; et les
roches doivent en dégager plus ou moins suivant leur
richesse, leur âge, leur structure physique, la température, la pression, etc. On ne saurait, par suite, trouver
que très capricieux et irréguliers les rapports des proportions d'hélium avec celles des autres gaz dans les mélanges
naturels. L'exception que nous offre l'hélium ne fait donc
que confirmer la règle.

2) On rencontre dans toutes les sources, comme il
existe dans l'atmosphère, un gaz *relativement* inerte :
l'azote, qui suit partout les gaz rares, dont il est le diluant constant. Si notre théorie est fondée, il faut s'attendre à trouver pour le moins une certaine uniformité
dans les rapports entre l'argon et l'azote, par exemple,
dans les mélanges gazeux naturels. Cette prévision est
aussi vérifiée par l'expérience d'une manière très satis-
faisante : le rapport dans l'air étant toujours pris pour
unité, nous le trouvons compris : dans 17 sources, entre
0,64 et 0,99 ; dans 30 sources, entre 1 et 1,29 ; dans
8 sources, entre 1,35 et 1,69 (*) ; il est égal à 1,15 dans
le gaz du Vésuve. La moyenne générale est voisine
de 1,15.

A la vérité, les écarts sont ici plus forts que ceux
rencontrés en comparant les rapports krypton-argon,
xénon-argon et xénon-krypton ; mais l'impression de
constance ne s'en dégage pas moins très clairement.

(*) Dans la source Grande-Grille de Vichy, il atteint la valeur exceptionnellement élevée de 2,85 (la mesure n'a pu être faite qu'une seule
fois ; il serait intéressant de pouvoir la recommencer).

Au surplus, il convient de ne pas oublier que l'inertie chimique de l'azote est toute relative : l'azote est seulement, de tous les gaz courants, le moins apte à contracter des combinaisons. Au point de vue de la Géologie, on peut le considérer comme un gaz *sensiblement* inerte.

ε) Si, d'ailleurs, faisant entrer en scène un gaz facile à combiner, on considérait le rapport argon-anhydride carbonique, par exemple, on constaterait que, suivant les sources, ce rapport peut prendre *toutes les valeurs possibles, depuis zéro jusqu'à l'infini.*

On voit que tous ces résultats sont en parfaite harmonie avec la théorie astrophysique exposée plus haut. Et l'on peut affirmer que la constance des rapports mutuels entre les proportions des gaz dans les mélanges naturels, quand elle existe, tient certainement à l'inertie chimique.

Telles sont les données et les réflexions qu'il nous a semblé nécessaire de rappeler avant de commencer l'exposé de nos recherches sur les grisous.

Cet exposé comprendra trois chapitres :

CHAPITRE I. — *Technique expérimentale de nos mesures.*

CHAPITRE II. — *Résultats.*

CHAPITRE III. — *Conclusion et considérations diverses.*

CHAPITRE I.

TECHNIQUE EXPÉRIMENTALE.

Il résulte de nos recherches que ce que nous appelons *azote brut* des grisous contient, en dehors de l'azote lui-même, de petites quantités des cinq gaz rares : hélium, néon, argon, krypton, xénon, et elles ont établi, en par-

ticulier, que les proportions d'hélium y sont relativement
importantes. Or nous connaissons la parenté de ce gaz
avec les substances radioactives, et il y avait lieu, par
suite, d'étudier la radioactivité des grisous et des charbons grisouteux d'où ils étaient issus. Nous avons donc
recherché : dans les premiers, l'émanation du radium, et,
dans les seconds, le radium et le thorium. Si la détermination de l'émanation du radium est relativement simple,
il n'en est pas de même de celle des traces de radium et
surtout de thorium, et nous jugeons utile de faire connaître en détail les procédés que nous avons suivis.

Le présent chapitre comprendra, de la sorte, deux parties distinctes.

Nous exposerons d'abord la technique de la détermination de l'azote et des gaz rares dans les grisous ; ensuite
nous décrirons celle que nous avons suivie pour étudier
la radioactivité des grisous et de la houille.

I. — DÉTERMINATION DE L'AZOTE ET DES GAZ RARES
DANS LES GRISOUS

Différents expérimentateurs, avant ou après nous, ont
examiné l'*azote brut* (azote + gaz rares) de grisous ou
de mélanges gazeux naturels analogues, c'est-à-dire
riches, comme les grisous, en gaz combustibles. Nous devons remarquer, toutefois, que l'étude qui fait l'objet de
ce mémoire est de beaucoup la plus approfondie.

Les modes opératoires adoptés par les auteurs ont
d'ailleurs été assez divers.

Th. Schlœsing fils (*) éliminait la partie combustible des
grisous en chauffant le gaz, au rouge, avec de l'oxyde de
cuivre, et séparant ensuite le gaz carbonique et l'eau
formés par les absorbants usuels ; il fixait l'azote du ré-

(*) *Annales des Mines*, livraison de janvier 1897.

sidu par le magnésium au rouge, et il étudiait au spectroscope le gaz finalement obtenu (gaz rares).

Nasini, Anderlini et Salvadori (*), pour l'étude du gaz de Porretta, ont mis en œuvre, tantôt la méthode de combustion par l'oxyde de cuivre, tantôt la méthode d'explosion avec l'oxygène par l'étincelle. On absorbait ensuite l'azote par le magnésium, et le résidu final était examiné au spectroscope.

Dans leurs intéressantes recherches sur de nombreux gaz naturels des États-Unis d'Amérique, Hamilton P. Cady et David F. Mac Farland (**) éliminaient les hydrocarbures en refroidissant le mélange à la température de l'air liquide (— 185°), qui condensait en même temps les moins volatils des autres gaz. Le résidu gazeux était ensuite traité, suivant la méthode de Sir James Dewar (***), par le charbon de noix de coco refroidi à la température de l'air liquide. Les auteurs constataient ainsi l'absorption de tous les gaz, sauf l'hélium, qu'ils caractérisaient par son spectre et dont ils mesuraient le volume.

Cette même technique a été adoptée par Emerich Czakó (****), qui a aussi publié, tout récemment, de fort intéressantes études sur quelques gaz naturels.

Voller et Walter (*****), dans leur travail sur le gaz de Neuengamme, utilisaient, pour la séparation des gaz combustibles, l'explosion avec de l'oxygène électrolytique. Le résidu azoté était directement introduit dans un tube de Geissler à électrodes de magnésium; le métal fixait l'azote sous l'action de la décharge, et on examinait ensuite le spectre du gaz non absorbé (******).

(*) Gaz. chim. Ital., XXVIII (1898), p. 111.
(**) Journ. Americ. Chem. Soc., XXIX (nov. 1907), p. 1523.
(***) Annal. Chim. Phys., [8], III (1904), 5.
(****) Zeitschr. f. anorgan. Chem., LXXXII (1913), p. 249.
(*****) Jahrb. d. Hamburg Wiss. Antalten, XXVIII (1910), Heft 5.
(******) Nous ne pouvons que rappeler ici, pour mémoire, entre autres procédés analytiques pour le dosage de la partie combustible du grisou,

Nous proposant de faire une étude aussi complète que
possible de l'azote brut (azote + gaz rares) des grisous,
nous avons tenu, pour l'élimination des gaz combustibles,
à ne mettre en œuvre qu'un procédé qui respectât intégralement ce mélange. Il nous a paru que la combustion
par l'oxyde de cuivre offrait, à cet égard, toute sécurité (*).
C'est donc cette méthode que nous avons utilisée, comme
l'avait fait, le premier, Th. Schlœsing, et l'on verra, en
outre, que notre appareil, dans ce qu'il a d'essentiel, est
également analogue à celui du même savant. L'azote
brut étant obtenu, nous le traitions comme dans le cas
des gaz spontanés des sources : absorption de l'azote par
le calcium au rouge, fractionnement ultérieur du résidu
(gaz rares) par le charbon refroidi, et examen des spectres.

Cette technique, dans laquelle nous éliminons d'abord
chimiquement tous les gaz autres que les gaz rares, nous
paraît présenter les meilleures garanties d'exactitude et
de sensibilité. Elle permet, en effet, de ne mettre en
œuvre, pour le fractionnement des gaz rares, que la quantité minima de charbon. Tel n'est pas le cas du procédé
employé par Hamilton P. Cady et David F. Mac Farland et par Emerich Czakó. Nous avons vu que ces auteurs, après avoir refroidi le mélange gazeux par l'air
liquide en vue de l'élimination des hydrocarbures (opération qui, sans doute, retenait aussi, par liquéfaction ou
par dissolution, une partie de l'azote et des gaz rares),
traitaient le mélange des gaz non condensés par le charbon, pris en quantité suffisante pour ne laisser libre que
l'hélium. Et il nous semble que, dans ces conditions, une

---

ceux, très ingénieux, qu'a élaborés Enrique Hauser, professeur à l'École
des Mines de Madrid [Leçons et conférences diverses sur le grisou, pu-
bliées depuis 1908 (Ministerio de Fomento, Comisión del Grisu)].

(*) Le procédé nous avait donné déjà pleine satisfaction pour le traitement des gaz spontanés de sources thermales, où il existe parfois
de petites quantités de gaz combustibles, pouvant atteindre des proportions assez notables (6 p. 100 à Bagnères-de-Luchon).

fraction, qui n'est peut-être pas négligeable, de l'hélium du gaz naturel, pouvait échapper à la mesure. C'est probablement pour la même cause que le néon n'a pu être observé que dans un cas.

Nous allons maintenant décrire en détail la technique de nos expériences.

Prélèvement du grisou à la mine. — L'objet de nos travaux étant la recherche, dans les grisous, de gaz peu abondants et présents dans l'air atmosphérique, la prise d'essai du grisou devait porter sur un volume relativement grand de gaz et se faire avec des précautions toute spéciales, afin d'éviter, jusqu'au moment du traitement toute contamination par l'air.

Ces conditions se sont trouvées parfaitement réalisées au moyen du dispositif et du mode opératoire suivants.

Le grisou est prélevé, à la mine, dans une batterie de six grandes bouteilles en verre d'une capacité de $6^l,5$ chacune. Ces bouteilles sont contenues dans une caisse en bois, fermée par un couvercle vissé, et divisée en six compartiments (la *fig.* 1 en représente une coupe longitudinale). Un capitonnage élastique en paille fine très serrée et des planches horizontales FF' maintiennent les bouteilles absolument fixes et les protègent contre les mouvements violents et les chocs que la caisse peut subir.

Les bouteilles se trouvent mises en communication l'une avec l'autre au moyen d'un système de tubes intérieurs en verre : $A_1B_1C_1D_1$, $A_2B_2C_2D_2$, etc... et de tubes extérieurs en bon caoutchouc à vide : D_1A_2, D_2A_3, etc... dont la *fig.* 1 indique l'agencement. Les tubes de verre AB et CD de chaque bouteille sont fixés dans le bouchon en liège b de celle-ci, et la partie des tubes qui émerge au-dessus du bouchon est engagée dans les tubes de caoutchouc GA_1, D_1A_2, etc... qui relient la première

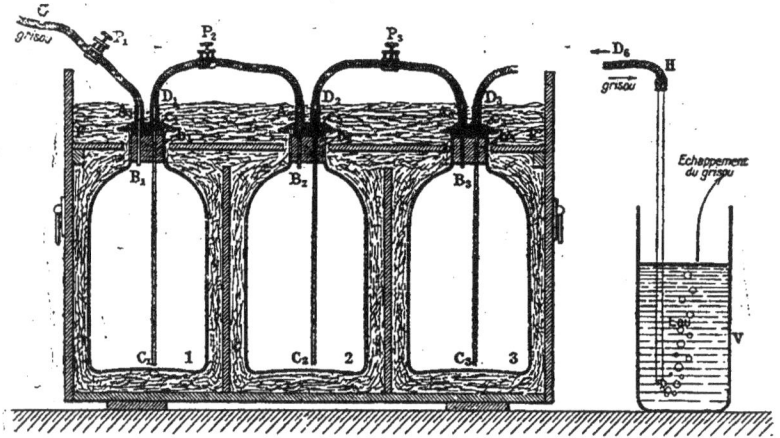

Fig. 1.

bouteille avec la prise de grisou et chaque bouteille à la précédente et à la suivante. Les bouchons b_1, b_2, etc... sont enfoncés dans les goulots des bouteilles de manière à laisser au-dessus de leur surface supérieure une sorte de petite cuvette, d'une hauteur d'un centimètre environ, dans laquelle on coule de la cire Golaz. Ces joints de cire c_1, c_2, etc..., dans lesquels sont noyées les prises des tubes de caoutchouc, assurent ainsi la fermeture hermétique des bouteilles et l'étanchéité absolue des tubes de communication. Grâce au mode d'assujettissement élastique des bouteilles dans la caisse, les joints de cire ne risquent pas d'être brisés ou fendillés au cours des manipulations et des chocs.

Sur les tubes de caoutchouc sont disposées des pinces métalliques à vis: P_1, P_2, P_3, ..., dont le rôle sera d'isoler chacune des bouteilles des autres, lorsque toutes seront remplies de grisou.

Avant d'expédier la batterie de bouteilles à la mine, on s'assurait, au laboratoire, de l'étanchéité du système par le maintien, pendant plusieurs heures, du vide qu'y avait fait une trompe à eau.

Pour remplir les bouteilles de grisou, on transportait la batterie dans la mine, auprès du point d'émergence du grisou, et on laissait dégager ce gaz à travers les bouteilles sous une légère surpression, pendant douze ou vingt-quatre heures. L'air des bouteilles se trouvait ainsi lentement chassé et, finalement, entièrement remplacé par du grisou, sous une pression un peu supérieure à la pression atmosphérique.

Pratiquement, toutes les pinces P_1; P_2,..., étant desserrées, on fixait l'extrémité libre du tube de caoutchouc GA_1 (longueur : $1^m,50$) de la bouteille n° 1 à la prise de grisou (tube de sonde, tube mastiqué à l'orifice du soufflard, etc...), et on terminait l'extrémité libre du tube de caoutchouc D_6H de la bouteille n° 6 par un tube de verre,

plongeant de quelques centimètres dans l'eau d'un vase
V (*fig.* 1).

Le grisou étant un gaz plus léger que l'air (densité :
0,558), le montage de la batterie de bouteilles était réalisé de manière que le grisou arrive dans chaque bouteille
par les tubes courts : A_1B_1, A_2B_2, ... Quand le courant
de grisou avait passé pendant douze heures au moins
(ce qui donnait la certitude que tout l'air des bouteilles
était expulsé), toutes les pinces : P_1, P_2,... étaient resser-
rées à fond, et la caisse nous était réexpédiée aussitôt.

Toutes les précautions nécessaires, que nous avions
d'ailleurs indiquées dans une instruction détaillée, ont
toujours été scrupuleusement observées par les diverses
personnes qui ont bien voulu se charger de prélever les
échantillons de grisou utilisés dans nos recherches.

**Examen préliminaire du grisou. — Dosage de l'anhy-
dride carbonique et de l'oxygène.** — Aussitôt revenue de la
mine, la caisse de bouteilles contenant l'échantillon de
grisou (près de 40 litres) est ouverte au laboratoire ; les
bouteilles de grisou sont isolées, et chacune est renversée dans une grande cuvette pleine d'eau. Pour séparer
les bouteilles, on place de nouvelles pinces à vis sur les
tubes de caoutchouc D_1A_2, D_2A_3,..., puis on sectionne
ces tubes entre les deux pinces que chacun porte, et on
enfonce dans leurs extrémités libres de petites baguettes
de verre. On conserve les bouteilles renversées, dans l'eau,
jusqu'au moment de l'extraction de l'azote brut du grisou.

Cependant, dès que le grisou arrive au laboratoire, on
en utilise quelques litres pour une analyse sommaire,
dont le but est de vérifier l'absence d'oxygène, par conséquent d'air, et de rechercher et doser l'anhydride
carbonique et l'émanation du radium (*).

(*) La recherche de l'émanation du radium sera décrite dans la seconde partie du présent chapitre, au paragraphe A, p. 55.

Dosages de l'anhydride carbonique et de l'oxygène. —
En général, nous effectuons simplement ces dosages sur
la cuve à mercure, à l'aide d'une petite cloche en verre
graduée (18 centimètres cubes divisés en dixièmes de
centimètre cube), dans laquelle on introduit une quin-
zaine de centimètres cubes de grisou. En ajoutant 1 centimètre cube d'une lessive concentrée de potasse et en
agitant, on absorbe l'anhydride carbonique, dont le volume égale la différence des volumes initial et final du
gaz (*). Puis on fait passer dans la cloche un petit fragment de pyrogallol fondu ; il se forme du pyrogallate de
potassium, susceptible d'absorber, en se colorant, l'oxygène présent. On compare alors la teinte obtenue avec
celles que fournit, dans des conditions identiques, de
l'azote contenant zéro (**), 1/2000, 1/1000, 1/500
d'oxygène.

A. — Isolement et dosage de l'azote brut du grisou.

Dans certains cas, une combustion eudiométrique, sur
la cuve à mercure, nous renseignait sur la proportion approximative de l'azote brut (azote + gaz rares) dans le
grisou ; mais le dosage exact résultait toujours de l'isolement et de la mesure du résidu azoté contenu dans un

---

(*) Lorsque l'agitation avec la potasse ne détermine aucune diminution appréciable du volume du gaz, on recherche les traces d'anhydride carbonique par le trouble léger auquel donne lieu l'agitation du
grisou avec un peu d'eau de baryte.
Dans le cas du grisou d'Anzin, assez pauvre en anhydride carbonique, celui-ci a été dosé en agitant 493 centimètres cubes de grisou
avec 25 centimètres cubes d'eau de baryte ; la baryte non carbonatée
étant ensuite déterminée par neutralisation (en employant comme
indicateur coloré la phtaléine de phénol) au moyen d'une solution
titrée d'acide oxalique.
(**) Quelque précaution que l'on prenne, la solution de pyrogallate
n'est jamais absolument incolore. Nous appelons *teinte zéro* (légèrement rose violacé) celle qu'on observe avec l'azote rigoureusement
exempt d'oxygène.

volume connu et assez grand (plusieurs litres) de grisou.

En principe, la méthode que nous avons mise en œuvre pour séparer l'azote brut du grisou consiste à engager dans des combinaisons fixes les éléments des gaz carbonés du mélange, après combustion de ces derniers par de l'oxyde de cuivre porté à haute température. La partie combustible du grisou (qu'on sait être presque intégralement constituée par du méthane), en passant sur de l'oxyde de cuivre chauffé au rouge, fournissait de l'anhydride carbonique et de la vapeur d'eau, lesquels, ainsi que l'anhydride carbonique préalablement présent, étaient ensuite absorbés par une solution concentrée de potasse et par de la chaux sodée. Les divers réactifs (CuO, KOH, chaux sodée) sont disposés dans un appareil clos, rigoureusement étanche, où les gaz sont introduits et circulent d'une façon continue, et où s'accumule finalement le résidu azoté.

Cette méthode fut déjà appliquée par Th. Schlœsing fils, au cours des travaux que nous avons mentionnés plus haut (*). L'appareil que nous avons utilisé est aussi analogue au sien ; nous avons cependant mis à profit, pour sa construction, l'expérience acquise pendant les recherches que nous poursuivons depuis plusieurs années sur les gaz rares des sources thermales.

I. — Description de l'appareil.

L'appareil (Pl. I) comprend plusieurs parties distinctes reliées entre elles ; ce sont : 1° le système de flacons G_1, G_2, qui permet d'extraire le grisou du grand flacon F où il a été prélevé ; 2° le voluménomètre $V_1 V_2$, dans lequel on mesure avec précision le volume de grisou traité ; 3° l'appareil à azote proprement dit, constitué lui-même

---

(*) Schlœsing, *loc. cit.*

par : *a*) la trompe à mercure TB et la cloche barométrique A ; *b*) le tube à combustion D ; *c*) le système absorbant, qui comprend le flacon à potasse K_1 et ses flacons
auxiliaires K_2 et K_3 et les tubes à chaux sodée C_1 et C_2.
Des manomètres à mercure et de multiples pinces et robinets achèvent l'équipement général de l'appareil, dont
voici la description détaillée :

1° **Gazomètre-pompe.** — Les flacons de verre G_1 (750 centimètres cubes) et G_2 (1.000 centimètres cubes), reliés
par un tube de caoutchouc épais, forment un gazomètre-
pompe à mercure, au moyen duquel on transvase le grisou
de la bouteille F, renversée dans l'eau de la cuvette E,
dans la jauge V_1 du voluménomètre. Le flacon G_1 est fermé
à sa partie supérieure par un rodage collé que surmonte
le robinet à trois voies normales R_1. Le tube horizontal
de R_1 communique, par un tube de caoutchouc à vide et un
petit tube de verre t', avec le tube de caoutchouc qui prolonge, à l'extérieur, le tube de verre long t du flacon F.
Le tube t' est constamment maintenu sous l'eau de la cuvette E. Le tube vertical supérieur de R_1 est relié, par un
tube de caoutchouc à vide, au tube gauche du robinet à
trois voies R_2 de la jauge V_1. La jonction de ces tubes se
fait sous le mercure de la cuvette H.

2° **Voluménomètre.** — Le voluménomètre comprend essentiellement le tube-jauge V_1, qu'un tube de caoutchouc
très épais relie au réservoir mobile V_2, de capacité telle
(700 centimètres cubes) qu'il peut contenir tout le mercure nécessaire au fonctionnement de l'appareil, et le
tube latéral M, soudé à la partie inférieure de V_1. Le
tube M sert de manomètre ; il est muni, à sa partie supérieure, du robinet r_2. Les tubes V_1 et M sont entourés l'un
et l'autre d'un manchon de verre, où circule un courant
d'eau froide ; des thermomètres (non figurés), disposés à

la base et au sommet du manchon qui entoure V_1, indiquent la température de la jauge. La jauge V_1 est constituée par un tube cylindrique gradué, en cristal, d'une capacité de 500 centimètres cubes; elle porte à son extrémité supérieure un robinet R_2, à trois voies normales capillaires (diamètre intérieur, 2 millimètres). Le zéro de la graduation est situé sur le tube capillaire du robinet R_2, à 2 centimètres environ au-dessous de ce dernier; la fraction du volume de la jauge 0-25 centimètres cubes présente un diamètre étroit ($9^{mm},4$); elle est divisée en dixièmes de centimètre cube; la fraction du volume 25-497 centimètres cubes est en tube large (diamètre intérieur, 26 millimètres) et se trouve divisée seulement en demi-centimètres cubes; enfin la fraction 497-502 centimètres cubes, constituée par du tube de même diamètre ($9^{mm},4$) que la fraction 0-25 centimètres cubes, est divisée également en dixièmes de centimètre cube.

Le tube M présente un diamètre intérieur égal à celui des parties étroites de la jauge V_1; il est divisé en millimètres, à partir d'une origine arbitraire située dans le voisinage du plan horizontal passant par la division 500 centimètres cubes de la jauge. Quand le robinet r_2 est ouvert, le tube M joue le rôle de manomètre à air libre. Si, au contraire, le robinet r_2 est maintenu fermé (on a eu soin alors de laisser un index de mercure dans le tube qui surmonte r_2), après que le vide a été préalablement fait en M, ce tube sert de manomètre barométrique.

Le flacon V_2 est mobile le long d'une glissière verticale, grâce à une poulie et un treuil (non figurés); et le tube de caoutchouc qui le relie à la jauge V_1 aboutit au purgeur d'air p_1, muni du robinet r_1. Ce purgeur a pour but d'empêcher l'accès de toute bulle d'air entraînée par le mouvement du mercure soit dans la jauge V_1, soit dans le tube barométrique M.

Les tubes V_1 et M sont maintenus par des bouchons de caoutchouc dans leurs manchons de verre, et l'ensemble est fixé bien verticalement sur un solide bâti en bois.

Les tubes capillaires issus à gauche et à droite du robinet R_2 assurent la liaison de la jauge V_1, d'une part, avec le gazomètre-pompe G_1, et, d'autre part, avec le robinet R_3 de l'appareil à azote. Le tube gauche de R_2 se termine, par une courbure tournée vers le haut, dans la cuvette à mercure H ; sur son parcours, on rencontre le joint j, formé par un tube de caoutchouc très court (3 centimètres), entièrement noyé dans le mercure (*). Le tube issu de R_2 vers la droite communique avec le tube vertical supérieur du robinet R_3, par l'intermédiaire du purgeur à mercure p_2 et du joint élastique en cristal c. Sur le trajet R_2R_3, entièrement en verre soudé, se trouve, au voisinage du robinet R_3, le petit manomètre à mercure m_1. L'ampoule p_2 (voir Pl. I) a pour objet de retenir le mercure qui aurait pu traverser le robinet R_2, lors du refoulement du gaz de la jauge V_1 dans l'appareil à azote ; l'excès de mercure s'écoule dans un vase inférieur, à travers le robinet r_3, qui, normalement, doit être fermé.

3° **Appareil à azote proprement dit.** — L'appareil dans lequel s'effectue la séparation de l'azote brut et des gaz carbonés (CO_2 et CH_4) du grisou est assez compliqué. Nous l'avons conçu de manière à réaliser, *en l'absence de toute trace d'air :* 1° l'élimination *presque* complète du méthane, par circulation et combustion de ce gaz sur de l'oxyde de cuivre chauffé au rouge et fixation intégrale des produits de la combustion (CO_2 et H_2O) ; 2° l'extraction totale de l'appareil du résidu azoté (azote + gaz rares + une faible proportion de méthane non brûlé). On devait donc pouvoir faire un vide complet et permanent dans

---

(*) Ce joint a pour objet de donner de l'élasticité au tube.

l'appareil avant et après chaque expérience d'isolement
d'azote brut, c'est-à-dire éviter, en particulier, les moindres
rentrées d'air et les inconvénients inhérents à la présence
de la vapeur d'eau.

Dans son ensemble, l'appareil présente un circuit fermé
comprenant : a) la trompe à mercure TB, adjointe à la
cloche barométrique A ; b) les tubes à réactifs solides :
C_1 et C_2, tubes en cristal qui contiennent de la chaux sodée, et D, tube en verre d'Iéna, disposé sur une grille à
gaz, qui contient de l'oxyde de cuivre ; c) le système à
potasse, constitué par le flacon à deux tubulures K_1, qui
contient, au-dessus d'une couche de mercure, une solution concentrée de potasse caustique (200 centimètres
cubes), et les flacons bitubulés K_2 (500 centimètres cubes)
et K_3 (1 litre). On rencontre, en outre, sur le circuit, les
robinets de cristal à trois voies normales et à tubes capillaires (diamètre intérieur, 2 millimètres) R_3 et R_4 et, aux
points où l'emploi de robinets de verre est rendu impossible par la présence du mercure, de la potasse ou de la
vapeur d'eau : les pinces P_2, P_3, P_4, P_5. Celles-ci sont
des pinces métalliques à vis serrant des tubes de caoutchouc courts et très épais, intercalés sur les tubes de verre,
et *complètement immergés* dans le mercure de petites
cuvettes prismatiques en bois.

La trompe T est une trompe à mercure à chute unique B,
en cristal, du modèle Schlœsing. Le mercure, qui
s'écoule en T, descend d'une cuvette supérieure et traverse un long purgeur d'air, au bas duquel est disposé un
joint de caoutchouc épais, serré par une pince à vis. Cette
pince permet de régler l'écoulement du mercure, de manière qu'il tombe dans le tube-chute B en gouttes sépa-
rées se succédant aussi rapidement que possible. L'extrémité inférieure du tube-chute (diamètre intérieur,
2 millimètres) plonge dans le mercure d'une petite cuvette H' et se recourbe vers le haut. La forme et la lon-

gueur de cette courbure sont telles qu'on puisse engager l'extrémité du tube B sous la cloche A en utilisant simplement l'élasticité de ce tube.

Le mercure est automatiquement et continuellement remonté de la cuvette inférieure H' dans la cuvette supérieure au moyen du dispositif Verneuil (non figuré).

La cloche A est un tube de cristal d'une hauteur de 85 centimètres environ et d'une capacité de 150 centimètres cubes. Elle est fermée à son extrémité supérieure par le robinet à trois voies normales R_4. Le tube gauche de ce robinet est soudé à la trompe en T', il porte le manomètre à mercure m_2.

Le tube issu de R_4 vers la droite porte le petit manomètre à mercure m_3, et il se continue par le circuit des tubes et flacon à réactifs. Ce sont, d'abord, le tube en cristal C_1 (diamètre, 18 millimètres ; longueur, 30 centimètres), rempli de chaux sodée granulée et disposée entre deux tampons de coton de verre ; puis le tube en verre d'Iéna D (diamètre, 12 à 20 millimètres ; longueur, 75 centimètres), disposé sur une grille à analyse chauffée au gaz, et qui contient environ 250 grammes d'oxyde de cuivre en planures. La jonction des tubes C_1 (cristal) et D (verre d'Iéna) se fait dans le musticage étanche en cire Golaz j'.

A la suite du tube à oxyde de cuivre est disposé le flacon à potasse K_1, d'une capacité de 500 centimètres cubes. Ce flacon porte une tubulure inférieure, fermée par un rodage collé, que traverse le tube capillaire (diamètre intérieur, 2 millimètres) d, et une tubulure supérieure, dans laquelle s'enfonce un bouchon de caoutchouc traversé par les tubes a et b, et au-dessus duquel on maintient toujours un peu de mercure. Le flacon K_1 se trouve en relation : α) avec le tube à oxyde de cuivre D, au moyen du joint de caoutchouc sous mercure serré par la pince P_2 et du tube de cristal a (diamètre, 4 millimètres), qui pénètre dans le flacon K_1 par la tubulure su-

périeure et descend, suivant l'axe, jusqu'à 2 centimètres
environ au-dessus du niveau de la tubulure inférieure;
β) avec le tube à chaux sodée C_2, par l'intermédiaire du
tube de cristal b (diamètre intérieur, 4 millimètres), renflé
en f, qui part de la tubulure supérieure de K_1 à la base du
bouchon de caoutchouc et aboutit au joint de caoutchouc sous
mercure P_3; γ) avec le flacon K_2 (500 centimètres cubes),
par le tube capillaire c, qui, soudé au tube b, immédiatement au-dessus de la tubulure supérieure de K_1, traverse
le joint sous mercure P_4 et se termine à la tubulure inférieure du flacon K_2, munie simplement d'un bouchon de
caoutchouc; δ) enfin, avec le flacon K_3 (capacité, 1 litre)
au moyen du tube capillaire d (longueur, 85 centimètres;
diamètre intérieur, 2 millimètres) issu de la tubulure inférieure de K_1 et se prolongeant, à partir du joint de mercure P_5, situé sur le sol, par un tube de caoutchouc à vide
(longueur, $1^m,50$) jusqu'à la tubulure inférieure du flacon K_3. Le tube d traverse la tubulure inférieure de K_1
(grâce à une soudure intérieure) et se recourbe vers le
haut de manière que son extrémité supérieure affleure à
1 centimètre au-dessus du niveau de cette tubulure.

Les flacons K_2 et K_3 communiquent avec l'air libre par
leurs tubulures supérieures. Les flacons K_1 et K_2 sont
rendus solidaires de la table en lave sur laquelle ils sont
placés, au moyen de plâtre coulé autour de leur base. La
fixité des joints de caoutchouc sous mercure: P_2, P_4, P_5,
et de diverses autres parties de l'appareil, a été obtenue
de la même manière.

Le flacon K_3 contient environ 700 centimètres cubes de
mercure. Pendant une opération, le flacon K_1 contient
200 centimètres cubes de lessive concentrée de potasse,
au-dessus d'une couche de mercure qui s'élève au delà de
l'orifice supérieur du tube d, mais qui n'atteint pas la base
du tube a (qui débouche ainsi dans la solution de potasse),
et les tubes c et d sont remplis de mercure. Le flacon K_2

sert à l'introduction et à l'extraction de la potasse du flacon K_1 ; son mode de fonctionnement sera décrit ci-dessous.

A la suite du joint de caoutchouc sous mercure que serre la pince P_3, se trouve le tube de cristal C_2 (longueur, 40 centimètres ; diamètre, 20 millimètres) rempli de chaux sodée granulée. Ce tube aboutit au robinet à trois voies normales R_3, qui clôt le circuit. Le robinet R_3 communique, par son tube supérieur avec le voluménomètre V_1, par son tube inférieur avec la trompe à mercure T et par son tube horizontal avec le tube à chaux sodée C_2.

Sur la Pl. XI, on voit, près du robinet R_3, un petit tube latéral t'' ; cet appendice permet la communication avec l'extérieur d'une partie quelconque de l'appareil, lorsqu'une réparation l'exige (soudures).

II. — *Fonctionnement de l'appareil.* — *Marche d'une expérience.*

Pour décrire le fonctionnement de l'appareil, nous exposerons la marche d'une opération, c'est-à-dire que nous suivrons le grisou depuis son extraction de la bouteille F jusqu'à la mesure du résidu azoté. Toutefois nous devons, auparavant, faire connaître quelle préparation l'appareil doit subir avant chaque expérience.

a) **Préparation de l'appareil.** — L'appareil une fois construit, sa mise en état consiste : 1° à le purger *entièrement* d'air ; 2° à introduire la solution de potasse dans le flacon K_1.

Le flacon G_1 étant isolé de la bouteille F et de la jauge V_1 (c'est-à-dire les tubes de caoutchouc en relation avec le robinet R_1 étant libres), on chasse l'air que peuvent contenir G_1 et V_1 en y amenant plusieurs fois le mercure, au moyen des flacons G_2 ou V_2, et en manœuvrant convenablement les robinets R_1 ou R_2. Finalement, on remplit complètement de mercure le flacon G_1 et la jauge V_1, qu'on isole ensuite en disposant à cet effet les robinets R_1 et R_2. On réunit le robinet R_1, d'une part, au tube t' de la bouteille F, et, d'autre part, au tube gauche de R_2, qui aboutit dans la cuvette à mercure H. Puis on élimine l'air contenu dans les divers tubes qui vont de la pince P_1 (bouteille F) au robinet R_3 de l'appareil à azote. A cet effet, le robinet R_4 étant fermé et le robinet R_3 étant disposé de manière à mettre en relation la trompe T et le système de tubes du trajet R_3P_1 (le tube t'' est scellé), on fait fonctionner la trompe à mercure. Lorsque la pression est descendue aux manomètres m_1 et m_2, vers 1 centimètre de mercure, on admet un peu de grisou dans les tubes, en desserrant légèrement la pince P_1, puis on raréfie à nouveau. On recommence plusieurs fois cette manœuvre, puis on ferme R_2 (*). La trompe à mercure continuant à fonctionner, l'espace R_3R_2 se vide complètement ; on ferme alors R_3. Quant à l'espace $P_1R_1R_2$, on y maintient du grisou sous pression légèrement supérieure à la pression atmosphérique, en desserrant momentanément la pince P_1.

Pour éliminer toute trace de gaz contenu dans l'appareil à azote proprement dit, on remplit de mercure le flacon K_1 (comme pour G_1), à l'aide du flacon K_3, on chauffe le tube à oxyde de cuivre (production d'anhydride carbonique et vapeur d'eau par combustion des poussières organiques et dégagement des gaz occlus), on ouvre les robinets R_3 (disposé de manière à mettre en relation le tube C_2 et la trompe T) et R_4 (les trois voies en communication) et on fait fonctionner la trompe à mercure T.

Pendant cette opération, les pinces P_2 et P_3 sont des-

(*) Pratiquement, cette phase de la préparation est accélérée par l'emploi d'une trompe à eau (reliée au tube t''), suivant un mode opératoire facile à reconstituer et que nous jugeons inutile de décrire.

serrées et la pince P_4 reste fermée ; la pince P_5 a été resserrée après qu'on a rempli de mercure le flacon K_1, en soulevant le flacon K_3.

Après quelques heures, le vide est complet dans l'appareil, on arrête la trompe à mercure et on ferme les robinets (R_3, R_4) et les pinces (P_2, P_3).

On procède ensuite à l'introduction de la lessive de potasse dans le flacon K_1. Cette lessive est simplement obtenue par dissolution de potasse pure en plaques dans l'eau distillée ; on la filtre et on la fait bouillir immédiatement avant de l'employer. Son introduction dans le flacon K_1 s'effectue à l'aide des flacons auxiliaires K_2 et K_3, de la manière suivante : a) on verse environ 300 centimètres cubes de la solution de potasse dans le flacon K_2 ; b) on fait écouler le mercure du flacon K_1 dans le flacon K_3, en laissant ce dernier sur le sol et en desserrant la pince P_5 jusqu'à ce que le volume vide en K_1 soit environ de 300 centimètres cubes ; c) en desserrant alors lentement la pince P_4, la pression atmosphérique qui s'exerce en K_2 chasse, à travers le tube c, le mercure et la potasse de ce flacon. Quand 200 centimètres cubes de potasse sont passés dans le flacon K_1, on verse, dans le flacon K_2, du mercure, qui s'écoule également vers K_1, et on resserre la pince P_4 dès que le tube c est rempli de mercure.

La solution de potasse est introduite dans le flacon K_1 aussi chaude que possible ; malgré cela elle dégage encore quelques bulles gazeuses. Pour les éliminer, on les accumule dans le tube b, en amenant dans le flacon K_1 le mercure de K_3 de manière que la potasse remplisse le tube b jusqu'au-dessus du renflement f, et en desserrant à plusieurs reprises la pince P_3, pendant que la trompe T fonctionne (le robinet R_3 est ouvert de manière que C_2 et T communiquent).

Enfin, on amène le niveau du mercure (niveau inférieur de la solution de potasse) dans le flacon K_1 immé-

diatement au-dessous de l'orifice du tube *a*, et on desserre les pinces P_2 et P_3. L'appareil à azote est alors prêt
à recevoir le grisou.

b) Marche d'une expérience. — L'expérience proprement dite comprend les opérations suivantes : 1° vérification de l'absence d'air dans le grisou ; 2° mesure du volume du gaz ; 3° élimination des gaz carbonés par circulation du grisou dans l'appareil à azote ; 4° extraction et
mesure du résidu azoté.

1° Vérification de l'absence d'air dans le grisou.
— Chacun des échantillons de grisou (environ 500 centimètres cubes), successivement mesurés dans le voluménomètre, puis envoyés dans l'appareil à azote, a été soumis à un essai préalable, destiné à vérifier l'absence de
l'air par l'absence d'oxygène. Cet essai porte sur le gaz
déjà admis dans la jauge V_1 du voluménomètre.

On remplit de grisou la jauge V_1, en y refoulant le
gaz aspiré de la bouteille F par le flacon G_1. Pour cela,
le flacon G_2 étant abaissé, on ouvre R_1 et on desserre
P_1. Quand G_1 en plein de grisou (sous une pression d'autant plus faible que la bouteille F est plus voisine de l'é-
puisement), on resserre P_1, on élève G_2, et on ouvre R_2,
de manière que G_1 et V_1 communiquent, le réservoir V_2
étant abaissé ; le grisou passe alors de G_1 en V_1. On renouvelle cette série de manœuvres jusqu'à ce que la jauge
V_1 soit remplie de grisou sous une pression voisine de la
pression atmosphérique. On sépare ensuite, momentanément, les tubes de verre et de caoutchouc qui se réunis-
sent dans la cuvette à mercure H, et on refoule dans
une petite cloche graduée remplie de mercure environ
15 centimètres cubes du grisou contenu dans la jauge V_1.
On agite ce gaz avec un peu de pyrogallate de potassium
(1 centimètre cube de lessive concentrée de potasse
exempte d'air et un petit fragment de pyrogallol fondu,

introduits dans la cloche, sur la cuve à mercure), et on compare la teinte du liquide avec la teinte « zéro » (voir p. 33). Quand on n'observe aucune différence de coloration, ce qui est le cas général, on conclut à l'absence de l'oxygène et, par suite, de l'air. Tout échantillon de grisou où nous pouvions déceler la plus légère contamination par l'air était considéré comme inutilisable pour le dosage de l'azote et l'étude ultérieure des gaz rares, et il était rejeté.

2° MESURE DU VOLUME DU GRISOU. — L'échantillon de grisou contenu dans la jauge V_1 du voluménomètre et dont on a vérifié l'absolue pureté est alors mesuré. Pour effectuer cette mesure, le robinet R_2 étant fermé, on élève ou on abaisse le réservoir V_2 le long de sa glissière de manière que le volume du gaz dans la jauge V_1 soit voisin de 500 centimètres cubes. On note alors le volume, la température et la pression du gaz. Le volume est lu directement sur la jauge V_1, qui est graduée (divisée en dixièmes de centimètre cube au voisinage de 500 centimètres cubes). La température est repérée par les deux thermomètres placés à la base et au sommet du manchon qui entoure V_1, manchon dans lequel passe continuellement un courant d'eau froide. Quant à la pression, elle est égale à la différence de hauteur des niveaux du mercure dans la jauge V_1 et dans le tube barométrique M. Pour la déterminer, on lit la position du plan de contact du ménisque de mercure dans M (sur ce tube est gravée une division millimétrique) et on cherche la trace, sur ce tube, du plan horizontal défini par le plan de contact du ménisque de mercure de V_1 au moyen d'une courbe spécialement construite à cet effet (*).

_____

(*) Pour construire cette courbe, on établit une pression identique (vide complet ou pression atmosphérique) dans la jauge V_1 et dans le tube M ; puis on note, sur le tube M, les positions du plan de contact

3° ÉLIMINATION DES COMPOSANTS CARBONÉS DU GRISOU.
— Après avoir mesuré le volume du grisou, on fait directement passer ce gaz de la jauge V_1 dans l'appareil à azote.

On ouvre R_2 et R_3 de manière que ces robinets mettent seulement en relation la jauge V_1, la trompe TB et la cloche A sous laquelle on engage l'extrémité inférieure du tube-chute B. En élevant lentement le réservoir V_2, le grisou se trouve comprimé légèrement en V_1, puis chassé, à travers le tube e, le robinet R_3 et la trompe TB, dans la cloche A. Quand cette dernière est pleine de gaz, on ouvre délicatement le robinet R_4, de manière que le gaz arrive lentement dans le tube à chaux sodée C_1, puis dans le tube à oxyde de cuivre D chauffé au rouge. La combustion du méthane s'effectue en produisant un volume double de vapeur d'eau et un volume égal d'anhydride carbonique. La vapeur d'eau se condense, tandis que l'anhydrique carbonique est rapidement absorbé, en arrivant au contact de la potasse du flacon K_1, après qu'on a desserré un peu la pince P_2 ; il se produit donc un vide partiel dans le tube à oxyde de cuivre, déterminant un appel du grisou contenu dans la cloche A. A mesure que A se vide, on y admet une nouvelle fraction de grisou, en continuant à élever le flacon V_2 ; le gaz, aspiré par le tube à oxyde de cuivre, brûle et disparaît,

---

du ménisque de la colonne de mercure de ce tube, quand le plan de contact de la colonne mercurielle de la jauge V_1 occupe diverses positions arbitraires repérées sur V_1. En portant en abscisses les volumes lus sur V_1 et en ordonnées les hauteurs de mercure lues sur M, on obtient la courbe de correspondance des deux graduations gravées sur V_1 et sur M (courbe composée de trois lignes droites correspondant aux trois parties de la jauge V_1). Cette courbe (ou la formule qui la traduit) permet de déterminer immédiatement par quelle division de M passe le plan horizontal mené par une division quelconque de V_1. La pression du gaz contenu en V_1 égale alors la différence des hauteurs lues sur le tube M, des niveaux du mercure en V_1 et en M; on l'obtient rapidement et très aisément, au moins à 1/1000 près.

ses produits de combustion étant fixés par la potasse, et ainsi de suite. Quand tout le gaz contenu en V_1 a ainsi passé, par fractions successives, dans l'appareil à azote, on tourne le robinet R_3 de manière à mettre en communication le tube C_2 et la trompe T, on desserre la pince P_3 et on fait fonctionner la trompe à mercure. Le gaz de l'appareil à azote circule alors d'une manière continue à travers les divers réactifs, et les gaz combustibles s'éliminent de plus en plus complètement. On suit la marche de l'opération d'après la diminution de la pression ; le niveau du mercure s'élève progressivement en A, et le manomètre m_2 marque bientôt une pression de 10 à 15 centimètres.

On mesure en V_1 une nouvelle fraction de grisou de 500 centimètres cubes, puis on l'introduit dans l'appareil à azote, et ainsi de suite, jusqu'à ce qu'on ait utilisé tout le gaz (environ 6 litres) contenu dans le flacon F. Lorsque celui-ci est presque vide, on ferme le robinet R_1, on sépare le flacon F en t', on le remplace par un nouveau flacon plein de grisou, et on renouvelle la longue série des manipulations que nous venons de décrire (*).

Après avoir introduit dans l'appareil à azote tout le grisou que pouvait brûler l'oxyde de cuivre contenu dans le tube D (ce tube, contenant 250 grammes d'oxyde de cuivre, ne permettait de brûler, dans la pratique, que 10 à 15 litres de grisou) (**), on laissait circuler les gaz pen-

---

(*) Après la dernière introduction de grisou dans l'appareil à azote, on fermait le robinet R_4 et on faisait passer dans la cloche A, au moyen de la trompe à mercure, le gaz des tubes compris entre les robinets R_2 et R_3.

(**) Etant donnée la faible teneur en azote des grisous que nous avons étudiés, la quantité relativement grande d'azote brut que l'étude ultérieure des gaz rares exigeait (environ 300 centimètres cubes) et la longueur des opérations relatives à l'isolement du résidu azoté, nous abrégions généralement ces dernières en omettant la mesure du volume du grisou. Le grisou n'était mesuré, comme il est dit ci-dessus, que dans les opérations dites de « dosage de l'azote », et qui ne portaient alors que sur 3 à 6 litres de grisou brut.

dant plusieurs heures, de manière à éliminer le méthane le plus complètement possible. Lorsque le manomètre m_2 (ou la cloche manométrique A) montrait que la pression ne diminuait plus, on procédait à l'extraction du résidu azoté.

4° EXTRACTION DU RÉSIDU AZOTÉ. — Lorsque le résidu azoté était abondant (plus de 100 centimètres cubes), on commençait l'extraction au moyen du voluménomètre V_1V_2, qui fonctionnait alors comme pompe, puis on l'achevait avec la trompe à mercure TB ; au cas contraire, tout le résidu azoté était extrait à la trompe et recueilli dans une série de cloches graduées.

Avant de commencer l'extraction, le robinet R_4 étant ouvert de manière que les trois voies communiquent, on chasse d'abord tout le gaz contenu dans le flacon à potasse K_1. A cet effet on élève le flacon à mercure K_3, et on desserre la pince P_5. Le niveau du mercure monte en K_1 et le gaz est chassé dans le reste de l'appareil. Quand le niveau de la potasse s'élève dans le tube b, au-dessus du renflement f, on serre fortement la pince P_3 (le gaz emprisonné dans la partie supérieure de b sera libéré à la fin de l'extraction). Au cours de cette opération, le mercure envahit le tube a ; quand son niveau dépasse un peu la pince P_2, on serre fortement cette dernière, on a isolé ainsi complètement le flacon à potasse K_1, ce qui évitera, à la fin de l'extraction, les inconvénients de la tension de vapeur de l'eau. La vapeur d'eau qui existe dans l'appareil est rapidement absorbée par la chaux sodée des tubes C_1 et C_2.

α) *Extraction à la pompe.* — On ouvre les robinets R_2 et R_3 de manière à mettre V_1 en relation avec l'appareil à azote, et on abaisse le flacon V_2 ; le gaz de l'appareil à azote pénètre ainsi en V_1. En tournant de droite à gauche le robinet R_2 et en relevant V_2, on refoule ensuite le gaz aspiré en V_1 dans un petit flacon (ou une cloche graduée), plein de mercure et retourné dans la cuvette à mercure H, sur l'extrémité recourbée du tube issu à gauche de R_2. Après trois ou quatre coups de pompe, il n'y a plus d'avantage à extraire le résidu azoté de cette manière, et on continue l'extraction au moyen de la trompe à mercure.

β) *Extraction à la trompe.* — On ferme le robinet R_2, on dégage du bas de la clocho A l'extrémité inférieure du tube-chute B, et on la coiffe d'une cloche graduée de 25 centimètres cubes (divisée en dixièmes de centimètre cube) remplie de mercure et retournée dans la cuvette H'. Le fonctionnement de la trompe T raréfie le gaz dans l'appareil à azote et l'accumule dans la cloche graduée. Quand celle-ci est remplie, on la remplace par une autre, et ainsi de suite. La pression dans l'appareil à azote s'abaisse bientôt à quelques millimètres, on desserre alors momentanément la pince P_3, qui livre passage au gaz situé au-dessus de la potasse dans le tube *b*, et on continue l'extraction. On laisse fonctionner la trompe à mercure aussi longtemps qu'on peut recueillir du gaz (*).

III. — *Détermination des proportions d'azote dans le grisou.*

Le résidu azoté obtenu à la fin de l'opération précédente n'est pas, en général, uniquement constitué par l' « azote brut » (azote + gaz rares) du grisou; il contient encore une faible proportion (1 à 5 p. 100) de méthane qui a échappé à la combustion, soit à cause de sa haute dilution et de l'épuisement de l'oxyde de cuivre, soit parce que la circulation des gaz n'a pas duré assez longtemps (**). Pour déterminer l'azote, il faut donc non

---

(*) Lorsque la chaux sodée des tubes C_1 et C_3 a absorbé beaucoup de vapeur d'eau, cette dernière se dégage sous très basse pression, et, bien qu'on ne puisse plus extraire la moindre bulle de gaz, les manomètres n'indiquent cependant pas, en fin d'extraction, une pression nulle.

(**) Les manipulations nécessitées par l'isolement rigoureux du ré-

seulement mesurer le volume du résidu azoté, mais encore connaître le méthane qui y subsiste encore. Cette dernière donnée nous est fournie par une combustion eudiométrique.

La mesure du volume s'effectue dans le voluménomètre $V_1 V_2$. On introduit en V_1, par aspiration, les différentes fractions de résidu azoté qu'on a recueillies précédemment. Le mélange gazeux prend une composition homogène, et on mesure son volume, comme pour le grisou brut (voir plus haut). On prélève ensuite une petite portion du gaz (10 à 15 centimètres cubes) dans une cloche graduée, on y ajoute un volume connu d'oxygène pur, et on introduit ce mélange gazeux dans un petit eudiomètre, où l'on fait éclater une série d'étincelles électriques.

Les traces d'hydrocarbures présentes se combinent à l'oxygène, et, après absorption de l'anhydride carbonique et de l'oxygène en excès par la potasse et le pyrogallol, on mesure, dans une cloche graduée, disposée sur la cuve à mercure, l'azote brut qui reste.

On répète, sur de nouveaux échantillons de résidu azoté, cette combustion eudiométrique, et on utilise la moyenne des résultats pour calculer le volume de méthane que contient encore le résidu azoté du grisou. On retranche ce volume (toujours faible) du volume total du résidu azoté, et on rapporte le nombre obtenu, et ramené à ce qu'il serait si la température était 0° et la pression 760 millimètres, au volume de grisou brut réduit égale-

---

sidu azoté sont non seulement délicates et longues, mais encore pénibles, par suite de la complexité de l'appareil et de l'attention soutenue que sa conduite exige. Nous ne pouvions, le plus souvent, brûler, dans une journée, plus de 10 litres de grisou, de sorte que la circulation ne durait qu'une heure ou deux, afin de rendre possible l'extraction complète du résidu azoté avant la cessation du travail, chaque soir.

ment, par calcul, à la température et à la pression normales. On obtient ainsi les proportions de l'*azote brut* (azote + gaz rares) dans le grisou.

B. — ÉTUDE DES GAZ RARES DU GRISOU.

La séparation du mélange global des gaz rares s'effectue sur le résidu azoté total, obtenu par élimination aussi complète que possible des gaz carbonés du grisou.

On mélange les divers résidus azotés fournis par les opérations analogues à celle décrite précédemment, on mesure leur volume et, connaissant les proportions de gaz combustibles qu'ils contiennent encore, on calcule à quel volume d'azote brut (azote + gaz rares) ils correspondent.

On introduit ensuite le résidu azoté total (en général de l'ordre de 300 centimètres cubes) dans un appareil spécial où les gaz courants (azote et gaz combustibles) sont absorbés et duquel on extrait le mélange global des gaz rares contenus dans le grisou.

Pour la détermination des gaz rares, le résidu azoté du grisou est *identiquement* traité, à partir du moment où il est obtenu, comme un gaz de source thermale.

Ayant exposé en détails, dans un mémoire spécial, la technique de cette étude (*), nous nous bornerons ici à en rappeler le principe et les opérations essentielles.

I. — *Isolement et dosage du mélange global des gaz rares.*
Caractérisation de l'argon et de l'hélium.

Après avoir été mesuré, le résidu azoté du grisou étudié est introduit dans l'appareil à gaz rares. Voici

---

(*) *Journal de Chimie-Physique*, t. XI, n° 1, p. 81-115, février 1913.

une description succincte de cet appareil et de la marche des opérations.

Une sorte de tube barométrique, par l'extrémité inférieure duquel on introduit le gaz dans l'appareil vide d'air, fait partie d'un circuit fermé, qui comprend, en outre, une série de tubes contenant : du calcium métallique, qui fixera au rouge l'azote et l'oxygène (au début, nous employions le mélange chaux-magnésium de Maquenne ; divers auteurs ont utilisé aussi le lithium, qui, comme l'ont montré Ouvrard, puis Guntz, absorbe très aisément l'azote) ; de l'oxyde de cuivre qui, chauffé au rouge, brûlera les gaz combustibles encore présents ; de la chaux sodée et de l'anhydride phosphorique, qui absorberont le gaz carbonique et la vapeur d'eau ; et une trompe à mercure, dont l'extrémité inférieure débouche sous la cloche barométrique, de telle sorte que la simple chute du mercure assure une circulation continue du gaz. On suit les progrès de l'absorption à l'aide d'un manomètre. Lorsqu'elle est terminée, le mélange résiduel se trouve constitué par l'ensemble des gaz rares. On en mesure le volume, et on l'étudie au spectroscope dans un tube de Plucker.

2° Nous pratiquons couramment cet examen soit avec décharge directe, soit avec décharge oscillante (emploi d'un condensateur et d'un interrupteur à air-break). Comme spectroscope, nous utilisons un appareil à vision directe que construit M. Jobin. L'observation spectroscopique a souvent été contrôlée par la photographie du violet et de l'ultra-violet, suivant une technique à laquelle l'un de nous fut initié dans le laboratoire de M. Deslandres, à l'observatoire de Meudon.

Par l'identification des principales lignes, on caractérise ainsi aisément, dans le mélange global des gaz rares extraits des grisous, de l'argon et de l'hélium.

II. — *Fractionnement des gaz rares.*

a) **Dosage de l'argon et de l'hélium ; caractérisation du néon.** — Les trois autres gaz (néon, krypton, xénon) étant toujours moins abondants, leur spectre se trouve dissimulé dans le mélange, et, pour les caractériser avec certitude, le fractionnement est indispensable.

L'idée qui vient tout d'abord à l'esprit est de fractionner par distillation, en profitant des écarts entre les points d'ébullition, ceux-ci s'élevant à mesure que croît le poids atomique, comme on le voit dans le tableau de la page 8.

C'est en mettant en œuvre cette méthode que W. Ramsay et M. Travers, en 1898, découvrirent successivement le krypton, le néon et le xénon dans l'air. Georges Claude l'a appliquée avec succès, depuis, à la séparation en grand des gaz rares de l'atmosphère. Mais il est évident que le procédé n'est praticable qu'à la condition d'opérer sur de très grosses masses. Aussi, dans l'espèce, ne pouvions-nous songer à l'utiliser.

La diffusion du mélange des gaz à travers des parois poreuses, exécutée méthodiquement, eût peut-être conduit, mais sans doute péniblement, à des résultats satisfaisants. Nous nous disposions à tenter autrefois des essais par ce procédé, lorsque parurent les beaux travaux de J. Dewar « sur l'occlusion des gaz par le charbon de bois aux basses températures ».

Les gaz rares se rangent nettement, au point de vue de leur absorbabilité par le charbon, dans l'ordre inverse de leur volatilité. Nous inspirant des résultats de l'éminent physicien anglais, voici le principe de la méthode que nous avons instituée :

L'appareil est analogue au précédent, avec lequel il peut même posséder deux parties communes : le tube barométrique et la trompe à mercure. L'unique réactif absorbant est ici le charbon de noix de coco. Si on traite le mélange global des gaz rares par une dose convenable de charbon refroidi à la température de l'air liquide, l'argon, le krypton et le xénon (les trois *gaz lourds*, les deux derniers étant toujours en proportions négligeables devant celles de l'argon) se fixent sur le charbon, tandis que le néon et l'hélium (*gaz légers*, le néon étant le plus souvent en proportion négligeable devant l'hélium) restent libres. Dans les *gaz légers*, outre l'hélium, on caractérise facilement le néon par ses principales raies spectrales.

b) Caractérisation et dosage du krypton et du xénon. — On fait circuler le mélange des gaz lourds sur du charbon refroidi à — 23° (chlorure de méthyle bouillant), et on examine au spectroscope, dans un tube de Plucker, la fraction du gaz fixée par le charbon, fraction beaucoup plus riche en krypton et xénon que celle restée libre. On reconnaît aisément les deux gaz à leurs raies caractéristiques.

Nous avons réussi à faire de ce procédé une méthode de dosage. En principe, on met à profit l'augmentation d'intensité, très nette, que subissent les raies jaune 5871,12 du krypton et bleu indigo 4671,42 du xénon lorsque la proportion de ces gaz croît dans le mélange argon-krypton-xénon, et on compare les intensités à celles qu'on observe avec des mélanges d'argon, de krypton et de xénon de composition connue.

II. — ÉTUDE DE LA RADIOACTIVITÉ DES GRISOUS ET DES HOUILLES.

Comme nous l'avons expliqué précédemment, cette étude est le complément logique de notre travail sur les gaz rares des grisous. Étant donné l'objet principal de

nos recherches, seul l'ordre de grandeur des résultats
relatifs à la radioactivité nous importait. Nous nous
sommes donc bornés à une étude sommaire, c'est-à-dire
à la recherche de l'émanation du radium dans les grisous,
et à la détermination du radium et du thorium dans des échantillons de houille prélevés au voisinage de leurs points
d'émergence ([*]).

A. — RECHERCHE DE L'ÉMANATION DU RADIUM
DANS LES GRISOUS.

Le plus tôt possible après son prélèvement, dont
l'époque nous était d'ailleurs connue, le grisou était étudié par la méthode électroscopique, en vue de déceler la
présence possible de l'émanation du radium et de la
doser. A cet effet on introduisait un volume mesuré (1 à
2 litres) de grisou dans le cylindre de l'appareil de Chèneveau et Laborde ([**]), et l'on mesurait la vitesse de chute

---

([*]) Nous ne sommes d'ailleurs pas actuellement outillés pour la recherche des émanations à destruction rapide (tandis que l'émanation du
radium se détruit de moitié en 3,85 jours, l'émanation du thorium se
détruit de moitié en 54 secondes et celle de l'actinium de moitié en
4 secondes); et, au surplus, l'on sait, d'une part, que la radioactivité des
gaz souterrains est due surtout à l'émanation du radium, et, d'autre part,
que le radium et le thorium (accompagnés des membres de leurs
familles) sont, pratiquement, les seuls éléments radioactifs des matériaux
solides de l'écorce terrestre.

([**]) La méthode de détermination de l'émanation du radium au moyen
de cet appareil a été décrite par nous en détail dans ce même recueil
(*Annales des Mines*, livraison de mai 1909). Nous devons seulement
observer que Chèneveau et Laborde ont étalonné à nouveau leur appareil, en employant cette fois du bromure de radium plus pur que celui
qu'ils avaient eu précédemment entre les mains, et que, de ce fait, la
constante n'est plus 0,34, mais 0,30; de sorte que la quantité x d'émanation contenue dans le volume de gaz introduit est donnée par l'expression $x = 0,30 \frac{v}{V}$ [v est la vitesse de chute de la feuille après trois
heures et V la vitesse de chute, après le même temps, quand le cylindre
renferme 0,30 milligramme-minute, soit $73,4 \times 0,30 = 22,02$ millimicrocuries d'émanation du radium (le curie et ses divisions ont été définis
plus haut, voir p. 15)].

de la feuille pendant les quelques heures qui suivaient.
Dans les conditions de nos expériences, la quantité mi
nima d'émanation du radium que nous pouvions déceler
est de l'ordre de grandeur de $2 . 10^{-11}$ curie (soit 2 centièmes de millimicrocurie par litre de grisou).

B. — ÉTUDE DE LA RADIOACTIVITÉ DES HOUILLES.

A l'époque où nous achevions nos expériences sur les
gaz rares des grisous, aucun dosage d'éléments radioactifs dans les houilles n'avait encore été publié. A cause
de l'importance fondamentale de cette donnée pour l'in-
terprétation de nos résultats relatifs aux gaz rares, nous
avons entrepris la recherche et le dosage du radium et
du thorium dans les houilles avoisinant les soufflards ou
les trous de sondes d'où provenaient les grisous par nous
étudiés.

Pour doser le radium et le thorium dans la houille,
nous nous sommes adressés aux méthodes courantes
basées sur les propriétés des émanations du radium et
du thorium.

Nous avons d'abord isolé, puis réduit en solution les
constituants minéraux de la houille. Puis, cette très
longue opération effectuée, nous avons mesuré l'émanation du radium accumulée dans la solution après que celle-
ci a été conservée en vase clos pendant un temps défini.
Et nous avons déduit de cette mesure la teneur en radium
de la houille (*). Enfin, à la solution privée d'émanation

(*) Cette méthode de dosage du radium fut d'abord mise en œuvre
par R.-J. Strutt [*Proc. Roy. Soc.*, A. LXXIII, p. 191 (1904); LXXVII,
p. 472 (1906), etc.]; elle a été appliquée, avec de légères variantes, par
la plupart des auteurs (Strutt, Eve, Mac Intosh, Boltwood, Joly, Farr
et Florance, Fletcher, Büchner, etc...),qui ont étudié la distribution du
radium dans les roches et les minéraux de l'écorce terrestre.
    Récemment, J. Joly a institué une méthode de dosage du radium où
l'émanation est libérée par fusion directe de la roche, et qui est à la
fois beaucoup plus commode, plus rapide et plus exacte que la précédente (J. JOLY, *Phil. Mag.*, juillet 1911, p. 134).

du radium, nous avons appliqué la méthode de J. Joly pour le dosage du thorium au moyen du courant d'émanation.

Prise d'essai de l'échantillon de houille. — Mettant à nouveau à contribution l'obligeance des diverses personnes qui nous avaient aimablement procuré le grisou, nous les avons priées de nous envoyer, pour chaque cas, un échantillon de 10 kilogrammes environ de houille prélevé le plus près possible du point d'émergence du grisou.

Isolement et mise en solution des cendres de la houille. — Un poids connu (200 à 2.000 grammes) de houille brute est d'abord brûlé dans un four à réverbère, puis dans un four à moufle porté au rouge vif. On chauffe dans le four à moufle le résidu minéral laissé par la combustion de la houille, en remuant constamment jusqu'à ce qu'on ne voie plus aucune particule de charbon devenir incandescente à la surface de la poudre. Après refroidissement, ces cendres, qui présentent, suivant les cas, une coloration blanche, grise ou légèrement brunâtre, sont pesées (*), et on en prélève un poids connu (30 à 90 grammes) qu'on amène en solution par les moyens de l'analyse chimique.

Cette mise en solution a été pour nous une opération très longue et très fastidieuse, à cause de la difficulté d'attaquer les cendres de houille par les réactifs chimiques ordinaires et des moyens précaires dont nous disposions.

Nous avons appliqué aux cendres la méthode ordinaire utilisée pour l'attaque des silicates insolubles. En général, nous commencions le traitement par l'action de

---

(*) C'est le résidu incombustible ainsi obtenu que nous appelons « cendres » ; pour nos calculs, nous ne lui avons fait subir aucune des corrections qui pourraient tenir compte des réactions chimiques intervenues au cours de la combustion de la houille.

l'acide chlorhydrique, puis de l'eau régale à l'ébullition. Après filtration, nous obtenions une liqueur acide et un résidu insoluble. Ce résidu, toujours abondant, était ensuite fondu avec le mélange des carbonates alcalins (parties égales de CO^3K^2 et CO^3Na^2) dans une capsule de platine chauffée au chalumeau à gaz. Après fusion, on reprenait la masse par l'eau bouillante, puis on filtrait. On obtenait une liqueur alcaline et un résidu solide. Ce dernier, traité par l'acide chlorhydrique étendu et chaud, fournissait une liqueur qu'on ajoutait à la première liqueur acide obtenue et un résidu insoluble. On attaquait de nouveau le résidu insoluble par les carbonates alcalins, et on continuait comme précédemment. Il suffisait, le plus souvent, de répéter cette opération quatre ou cinq fois pour n'avoir plus de résidu insoluble. Tout l'échantillon de cendres se trouve alors réduit en une solution comprenant, d'une part, des liqueurs acides et, d'autre part, des liqueurs alcalines.

I. — *Dosage du radium.*

Théoriquement, les liqueurs acides précédentes doivent, d'après les caractères chimiques du radium, contenir tout le radium des cendres employées. Nous les avons seules utilisées pour le dosage du radium (*).

A cet effet ces liqueurs acides sont soumises à une longue ébullition, ayant pour but d'éliminer la majeure partie des acides libres, de réduire le volume à 2 litres environ, et de chasser l'émanation du radium. La solution est ensuite transvasée dans un ballon de 2 litres

_____

(*) Pratiquement les liqueurs alcalines entraînent une fraction du radium qui n'est pas toujours négligeable dans les déterminations exactes. Cependant nous n'en avons pas tenu compte dans nos mesures, dont l'ordre de grandeur seul suffisait pour le but que nous poursuivions.

muni d'un bouchon de caoutchouc que traversent deux
tubes de verre. L'un de ces tubes est gros et court, l'autre
est plus étroit, et son extrémité inférieure plonge de
quelques centimètres dans la solution. Ces tubes portent
des bouts de tube de caoutchouc épais serrés fortement
dans des pinces à vis. On serre ces pinces avant que le
ballon soit entièrement refroidi, et on le conserve ainsi
clos (avec une légère dépression intérieure) pendant un
intervalle de temps défini (*).

Pendant ce temps, l'émanation produite par le radium
présent dans la solution s'accumule dans le ballon d'après
la loi bien connue (**), et il suffit d'en déterminer la quantité pour déduire immédiatement de cette mesure la masse
de radium à laquelle elle correspond.

Après accumulation pendant une période de temps convenable (une à deux semaines au plus), l'émanation était
extraite par ébullition et dosée au moyen de l'électroscope de Chéneveau et Laborde (***).

(*) Malgré tous nos soins, nous n'avons pu prévenir, en général, la
formation d'un léger précipité qui, affirme J. Joly, introduit une cause
d'erreur dans les dosages de radium.

(**) La loi d'accumulation de l'émanation en présence du radium qui
l'engendre est exprimée par la formule :

$$q = \frac{\eta}{\lambda}(1 - e^{-\lambda t}),$$

où q est la quantité d'émanation présente au temps t, en supposant
nulle cette quantité au début, c'est-à-dire quand on a $t = o$, et où λ
désigne la constante radioactive de l'émanation et η la quantité d'émanation produite pendant l'unité de temps. M. Kolowrat a publié
(*Le Radium*, t. VI, juillet 1909, ou t. X, décembre 1913) des tables
de calculs qui contiennent les valeurs de la fonction exponen-
tielle $\frac{1}{\lambda}(1 - e^{-\lambda t})$ pour t exprimé en heures ($\lambda = 0,0075$; nous avons
utilisé ces tables, très commodes, pour nos calculs.

(***) Le dispositif et les détails d'expérience ont été déjà donnés dans
ce recueil (*Annales des Mines*, livraison de mai 1909).

Nous indiquerons ici, en montrant comment on l'établit, la formule
que nous appliquons dans nos calculs de dosage de radium.

Appelons x la quantité de radium, exprimée en grammes par gramme
de la substance examinée. Une quantité Q grammes de cette substance

Le nombre obtenu dans le dosage du radium est enfin rapporté à 1 partie de cendre et 1 partie de houille.

---

a été privée d'émanation, puis conservée en vase clos pendant une période de temps t (en heures). Au bout de ce temps, la quantité d'émanation accumulée, soit q curies, a été mesurée au moyen de l'appareil Chêneveau et Laborde. Nous avons donc :

1° D'après la mesure :

$$q = K' \frac{v}{V} \text{ curies,}$$

expression où K' est la constante de l'appareil exprimée en curies, soit $K' = 0,30 \times 73,4 \cdot 10^{-9} = 22,02 \cdot 10^{-9}$ curies (voir la note de la page 55);

2° D'après la loi d'accumulation de l'émanation en présence du radium qui la produit (et privé, au début, d'émanation) :

$$q = \frac{xQ\varepsilon}{\lambda} (1 - e^{-\lambda t}) \text{ curies,}$$

où, t étant exprimé en heures, λ désigne la constante radioactive de l'émanation $\lambda = 0,0075 = 7,5 \cdot 10^{-3}$ et ε la quantité d'émanation, en curies, produite en 1 heure par 1 gramme de radium. On voit aisément que l'on a $\varepsilon = \lambda = 7,5 \cdot 10^{-3}$ curies par heure (en effet, 1 curie est la quantité d'émanation en équilibre avec 1 gramme de radium, c'est-à-dire la quantité obtenue en faisant, dans la formule précédente, $xQ = 1$ gramme et $t = \infty$, ce qui conduit à $\frac{\varepsilon}{\lambda} = 1$ curie, d'où $\varepsilon = \lambda = 7,5 \cdot 10^{-3}$ curies par heure).

En égalant entre elles les deux expressions de q, il vient :

$$q = \frac{K'v}{V} = \frac{xQ\varepsilon}{\lambda} (1 - e^{-\lambda t}).$$

Pour abréger l'écriture, posons :

$$\frac{1}{\lambda} (1 - e^{-\lambda t}) = \mu.$$

On aura :

$$q = \frac{K'v}{V} = xQ\varepsilon\mu,$$

d'où l'on tire :

$$x = \frac{K'v}{V \cdot Q \cdot \varepsilon \cdot \mu}.$$

Nous avons vu que $K' = 22,02 \cdot 10^{-9}$ et $\varepsilon = 7,5 \cdot 10^{-3}$; quant au facteur μ, il est lu directement sur la table II de M. Kolowrat (*Le Radium*, t. VI, juillet 1909, ou t. X, décembre 1913); les nombres v, V, Q résultant de l'expérience. Il vient finalement :

$$x = 2,94 \cdot 10^{-6} \frac{v}{V \times Q \times \mu}.$$

II. — *Dosage du thorium.*

Nous avons essayé de nous rendre compte de la teneur en thorium de nos houilles en appliquant aux solutions des cendres la délicate méthode par laquelle J. Joly détermine le thorium contenu dans les roches et les minéraux de l'écorce terrestre (*).

En principe, cette méthode consiste à entraîner dans un électroscope étalonné, au moyen d'un courant d'air de *vitesse constante*, l'émanation du thorium continuellement produite au sein d'une solution contenant du thorium. L'émanation du thorium se détruit très rapidement (de moitié en 54 secondes), mais elle est aussi très rapidement régénérée. De sorte qu'en réglant convenablement la vitesse d'extraction de l'émanation, qui est aussi sa vitesse de passage dans l'électroscope, on peut obtenir dans celui-ci un courant d'ionisation maximum et constant. Si l'on compare l'intensité de ce courant à celles fournies, dans les mêmes conditions, par des solutions titrées de thorium, on peut en déduire la quantité de thorium présente dans la solution, étant admis que, dans toutes les expériences, *le thorium se trouve à l'état d'équilibre radioactif avec tous ses termes de désintégration* (**).

(*) J. JOLY, *Phil. Mag.*, 6ᵉ série, vol. XVII, p. 760, et vol. XVIII, p. 140 (1909), et J. JOLY, *Congrès international de Radiologie et d'Électricité* (1911); voir également A.-L. FLETCHER, *Phil. Mag.*, 6ᵉ série, vol. XXI, p. 102 (1911).

(**) La série de désintégration du thorium est très analogue à celle de l'uranium-radium, dont nous avons indiqué, plus haut, les principaux termes (voir p. 9, note). Toutefois, tandis que, quand il s'agit de doser le radium par la méthode de l'émanation, on n'a à tenir compte d'aucun terme intermédiaire entre le radium et son émanation, une complication s'introduit, dans le cas du thorium, du fait qu'il existe quatre intermédiaires successifs (le mésothorium I, qui se détruit de moitié en 5,5 ans; le mésothorium II, destruction de moitié en 6,2 heures; le radiothorium, destruction de moitié en 2,02 ans, et le thorium X,

L'appareil que nous avons employé diffère peu de celui de J. Joly, nous le décrirons cependant en détail.

Description de l'appareil. — Sur un fourneau à gaz, on place le ballon A (*) (Pl. II) qui contient, en solution légèrement *acide*, un poids connu de la substance dont il s'agit

---

destruction de moitié en 3,64 jours) entre le thorium (destruction de moitié en 1,8 . 10^{10} ans) et l'émanation du thorium (destruction de moitié en 54 secondes). Pour que la quantité d'émanation soit proportionnelle à la quantité de thorium, et puisse par conséquent servir à la mesurer, il faut que l'*équilibre radioactif* (nous rappelons qu'un élément radioactif est dit en équilibre radioactif vis-à-vis des termes précédents de sa série de désintégration quand, à chaque instant, la quantité de cet élément qui prend naissance est devenue égale à celle qui se détruit) soit atteint entre le thorium et ses termes successifs jusqu'à l'émanation. Le temps exigé par l'établissement de cet état est très long; on ne saurait le trouver réalisé que dans les minéraux anciens de thorium. Les sels commerciaux de thorium présentent des états d'équilibre très variables, qui dépendent de leur âge et de la manière suivant laquelle ils ont été préparés, car les caractères chimiques des premiers descendants du thorium sont très différents les uns des autres. On admet qu'un sel de thorium pur, au sens chimique ordinaire (exempt, en général, de mésothorium et de thorium X), présente pendant cinquante ans environ des variations mesurables d'activité.

A cause de la rapidité de sa destruction, l'émanation du thorium ne peut être mesurée par la même méthode que celle du radium. C'est pour la même raison que les méthodes de dosage du radium et du thorium ne peuvent être identiques, mais aussi qu'on peut, sans inconvénient, doser l'un en présence de l'autre. L'émanation du thorium ne s'accumule que pendant un temps très court, elle se met très rapidement en équilibre avec le thorium X, et, pour observer ses effets radioactifs, il faut la renouveler sans cesse dans l'appareil de mesure, en l'y amenant par un courant d'air, au fur et à mesure qu'elle se produit.

L'émanation du thorium dépose sur les objets une *activité induite* de tous points analogues à celle de l'émanation du radium (voir p. 9, note). Mais, tandis que l'activité induite de l'émanation du radium se détruit de moitié en une demi-heure environ, celle de l'émanation du thorium se détruit de moitié en 11 heures environ. L'étude de l'activité induite permet de reconnaître avec certitude l'émanation si éphémère du thorium, de la différencier de celle du radium et même de la doser.

(*) Il convient d'employer des ballons de même forme et de même volume dans toutes les expériences (étalonnage de l'appareil et dosages de thorium), afin que le volume et la hauteur du liquide, ainsi que le volume libre au-dessus de la surface de celui-ci, soient toujours les mêmes. En fait, nous nous sommes servis de ballons de 2 litres semblables.

de déterminer la teneur en thorium. Ce ballon est fermé par un bouchon traversé par le tube B et par le tube intérieur du réfrigérant vertical C. Le tube B plonge dans le ballon jusqu'à 2 centimètres environ au-dessus de la surface de la solution et, en dehors du ballon, il se prolonge par un tube de caoutchouc long de 80 centimètres environ (*). La partie supérieure du réfrigérant C communique avec le tube de verre en forme de T (figuré en D) par l'intermédiaire d'un tube de verre recourbé, puis d'un tube de caoutchouc épais sur lequel se trouve la pince R_1. Le tube en T (figuré en D) porte le robinet de verre R_2 et il s'adapte au système E_1E_2, qui comprend une cloche de verre graduée d'un litre E_1, plongeant dans une cuvette à eau cylindrique, étroite et à niveau variable. Cette cuvette est en relation avec le grand flacon plein d'eau E_2 par un tube de caoutchouc que serre la pince R_3. Le circuit se continue à partir du tube D par un système dessiccateur comprenant l'éprouvette à pied F et le tube G_1 remplis de morceaux de chlorure de calcium fondu, puis les tubes (longueur, 30 à 40 centimètres ; diamètre intérieur, 20 millimètres) G_2 et G_3 contenant, entre des tampons épais de coton de verre, de l'anhydride phosphorique. Le tube G_3 porte à son extrémité de sortie le robinet de verre R_4, qu'un tube de caoutchouc réunit au robinet R_5 du cylindre L_1 de l'appareil de mesure de Chéneveau et Laborde. Après le robinet R_4, on rencontre un ajutage latéral qui se prolonge par le tube manométrique vertical H, haut d'un mètre environ, et qui plonge dans un verre contenant de l'huile de vaseline. Par son robinet R_6, le cylindre L_1 est relié à une trompe à eau *à débit constant* (non figurée), par l'intermédiaire du grand flacon régulateur de pression I, qui porte le robinet de réglage R_7.

(*) Ce tube de caoutchouc a pour but de puiser l'air qui traversera l'appareil à quelque distance du fourneau à gaz : on sait en effet que les gaz issus des flammes sont toujours ionisés.

Marche d'une expérience.

L'appareil étant supposé étalonné (voir plus bas), une expérience de détermination du thorium dans une solution donnée comprend : 1° le réglage de la vitesse du courant d'air ; 2° la mesure de la fuite spontanée de l'électroscope L_2 ; 3° la mesure de la vitesse de chute de la feuille de l'électroscope, quand le courant d'air entraîne les gaz dégagés par la solution examinée.

Réglage du courant d'air. — Il est indispensable que la vitesse du courant d'air ait une valeur convenable, toujours la même et très sensiblement *constante*, dans les expériences d'étalonnage et dans les expériences de dosage.

On la mesure en faisant usage du système $E_1 E_2$; et l'on est averti de ses variations possibles, au cours d'une expérience, par le manomètre à huile H.

Le courant d'air est déterminé dans tout l'appareil par l'aspiration de la trompe à eau, l'air étant puisé dans le laboratoire par l'extrémité du tube de caoutchouc adapté au tube B. Pour régler, *au début*, ce courant d'air, on agit sur les deux robinets de verre R_4 et R_7, on place dans le ballon A de l'eau distillée qu'on fait bouillir, un rapide courant d'eau froide circulant dans le réfrigérant C. Puis les robinets ou pinces R_1, R_2, R_4 étant ouverts, et le robinet R_7 fermé, on ouvre la trompe à eau à plein débit. On ouvre ensuite légèrement R_7, et on ferme un peu R_4. Il s'établit une différence de pression de part et d'autre du robinet R_4 qui est bientôt constante et qui se trouve mesurée par la hauteur de l'huile (30 à 40 centimètres), dont on repère le niveau dans le tube H. On mesure à ce moment la vitesse du courant d'air qui détermine cette dépression. A cet effet, par le jeu de la pince R_3 et du flacon E_2, on amène le niveau de l'eau dans la cloche graduée E_1 à une division voisine de l'extrémité inférieure ; puis on serre la pince R_3, et l'on élève E_2 au-dessus de E_1. On ferme ensuite la pince R_1, en même temps qu'on desserre la pince R_3 et qu'on met en marche un compte-secondes (*). La pince R_3 livre passage à l'eau du flacon E_2, qui monte en E_1, tandis que l'air de cette cloche est aspiré dans l'appareil. Il faut bien observer la précaution de desserrer R_3 et de laisser l'eau s'élever en E_1, exacte-ment de manière que les niveaux mobiles de l'eau en E_1 et dans sa cuvette extérieure présentent constamment la même différence que lorsque ces niveaux sont au repos, c'est-à-dire quand le courant d'air passe normalement dans l'appareil, la pince R_1 étant complètement desserrée et le robinet R_2 entièrement ouvert (d'ailleurs, pendant cette opération, le niveau de l'huile en H ne doit pas varier). On laisse ainsi l'eau monter en E_1; lorsqu'elle atteint telle division donnée, qu'on note, on arrête le compte-secondes. Les opérations de mesure de la vitesse étant achevées, on rétablit aussitôt l'appareil dans son état normal en desserrant R_1 et abaissant E_2.

La cloche E_1 étant graduée, il a donc passé dans l'ap-pareil un volume d'air connu durant l'intervalle de temps évalué par le compte-secondes et avec la même vitesse que pendant une expérience. On a donc ainsi mesuré cette vitesse.

Détermination de la vitesse optima du courant d'air. — On se rend compte aisément qu'il existe une certaine

---

(*) Ces trois manœuvres doivent être simultanées. Le même opéra-teur peut les accomplir aisément de la manière suivante. Il serre avec le pied le tube en R_3, desserre la pince R_3, puis il porte une main sur la pince R_1, l'autre main tenant le compte-secondes. Il déclanche alors ce dernier, et, au même instant, il serre R_1 et soulève légèrement le pied de manière que l'eau s'élève dans la cloche E_1 avec la vitesse convenable (comme il est expliqué dans la suite du texte).

vitesse optima du courant d'air qui détermine en L_1 un courant d'ionisation maximum. Cette vitesse est fonction de la loi de production et de la loi de destruction de l'émanation du thorium, ainsi que des dimensions de l'appareil, et, en particulier, du volume du cylindre L_1 adapté à l'électroscope L_2. Si le courant d'air est trop lent, l'émanation du thorium sera en grande partie détruite avant de parvenir au cylindre L_1; si, au contraire, il est trop rapide, la quantité d'émanation constamment présente dans le cylindre L_1 sera d'autant plus réduite que l'émanation y séjournera moins longtemps. Le courant d'ionisation mesuré par l'électroscope est proportionnel à la quantité d'émanation présente. Pour rendre cette quantité maxima, on détermine, par tâtonnements, la vitesse optima du courant d'air pour un appareil donné, lorsque, dans le ballon A, une solution de thorium est maintenue en constante ébullition.

Pour son appareil (volume de l'électroscope, 450 centimètres cubes), J. Joly utilise une vitesse de 250 centimètres cubes d'air par minute. Nous avons réglé la vitesse de l'air à 1 litre par minute (le volume du cylindre L_1 est de 3 litres); il nous a paru, en effet, qu'une vitesse moindre abaisse l'intensité du courant d'ionisation (vitesse de chute de la feuille de l'électroscope), et qu'avec une vitesse supérieure les réactifs desséchants sont trop rapidement mis hors d'usage.

Lorsque la vitesse optima du courant d'air a été déterminée, on ne touche plus, pendant toute la durée des expériences, au robinet R_4, et on maintient constante la hauteur de l'huile dans le tube H en manœuvrant le robinet R_7. On s'assure d'ailleurs fréquemment de la fixité de la vitesse, en mesurant celle-ci à l'aide du système $E_1 E_2$.

Mesure de la fuite spontanée de l'électroscope. — Les courants d'ionisation mesurés dans cette méthode de

dosage du thorium, qui s'applique aux matières relativement très pauvres en cet élément (de l'ordre de
10^{-5} gramme de thorium par gramme de matière),
sont généralement très faibles. Dans l'appareil de Chèneveau et Laborde, ils correspondent à des vitesses de chute
de la feuille de l'électroscope de quelques centièmes ou
quelques millièmes de division par seconde, quand on utilise 50 grammes environ de matière. Il convient donc de
déterminer avec soin la « fuite spontanée » de l'électroscope, c'est-à-dire la vitesse de chute de la feuille quand
il passe simplement de l'air du laboratoire dans l'appareil.

Pour mesurer cette fuite spontanée, nous avons fait
passer dans tout l'appareil un courant d'air à vitesse
normale (1 litre par minute) et en maintenant dans le
ballon A de l'eau distillée en ébullition (cette précaution
s'est révélée superflue). Puis, nous avons examiné la
vitesse de chute de la feuille pendant un temps très long
(deux heures ou plus). Devenue constante, la fuite spontanée s'est trouvée toujours inférieure à 0,01 division
par seconde.

La mesure de la fuite spontanée doit précéder et suivre
chaque expérience, et l'expérience ne peut être faite que
lorsque cette fuite spontanée s'est abaissée à sa valeur
minima et s'y maintient. Dans chaque mesure, on déduit
de la vitesse observée la moyenne des fuites spontanées
constatées avant et après l'expérience proprement dite.

Étalonnage de l'appareil. — Cette méthode de dosage
du thorium est essentiellement une méthode de comparaison où, toutes choses restant égales d'ailleurs, on compare, en principe, l'intensité du courant d'ionisation créé
dans l'électroscope $L_1 L_2$ par des solutions contenant des
quantités connues de thorium en équilibre avec son émanation, d'une part, et, d'autre part, une solution contenant une quantité inconnue de thorium, mais du même

ordre que les précédentes, et où l'équilibre radioactif se trouve également réalisé.

On étalonnera donc l'appareil en plaçant dans le ballon A des volumes égaux de solutions titrées de thorium en équilibre radioactif et en notant, dans des conditions bien déterminées et invariables (vitesse du courant d'air, dimensions de l'appareil, etc.), les vitesses de chute de la feuille de l'électroscope L_2.

Pour un étalonnage rigoureux, il conviendrait d'employer des solutions titrées de thorium contenant, en outre, un même poids des mêmes substances que la solution examinée.

Pour réaliser exactement la condition de l'équilibre radioactif, on ne saurait s'adresser aux sels purs de thorium du commerce ; il faudrait utiliser un mélange de plusieurs minéraux de formation ancienne et y doser préalablement le thorium par les méthodes de l'analyse chimique.

Etant donné que nous désirions uniquement connaître l'ordre de grandeur de la teneur en thorium de nos houilles, nous nous sommes bornés à étalonner notre appareil au moyen d'une solution titrée de nitrate de thorium pur provenant de la maison Poulenc(*).

Nous y avons dosé le thorium en déterminant le bioxyde ThO^2, obtenu par simple calcination. Ce nitrate contenait 37,5 p. 100 de thorium.

Pour nos expériences d'étalonnage, nous avons introduit, dans le ballon A, 2 litres d'une solution de ce nitrate de thorium dans l'eau distillée et contenant successivement : 15 milligrammes, $3^{mg},75$, $1^{mg},5$ et $0^{mg},75$ de thorium, et nous avons observé les vitesses de chute cor-

---

(*) D'après M. Szilard, qui a bien voulu nous donner, entre autres, cette précieuse indication, les différences entre les minéraux ou les sels commerciaux de diverses origines dues à ce que l'équilibre radioactif n'est pas atteint ne varient pratiquement pas plus que de 1 à 5.

respondantes de la feuille de l'électroscope (intensités du courant d'ionisation). En portant ces vitesses en ordonnées, tandis que les abscisses représentent les masses de thorium, nous avons obtenu la courbe d'étalonnage de notre appareil. Voici les éléments de cette courbe (peu différente d'une droite).

POIDS DE Th (en milligrammes)	COURANT D'IONISATION (unités arbitraires)
15	14
3,75	3,2
1,5	1,15
0,75	0,5

Dosage du thorium dans une solution. — Pour doser le thorium dans nos échantillons de houilles, nous avons utilisé les solutions de cendres sur lesquelles nous avions précédemment dosé le radium.

Avant d'effectuer sur la solution le dosage du thorium, il faut la priver d'émanation du radium. Il suffit, pour cela, de la porter à ébullition dans le ballon A, ce ballon étant séparé et éloigné du reste de l'appareil. On maintient l'ébullition pendant un quart d'heure, puis on adapte à nouveau le ballon A au réfrigérant C, et, après quelque temps d'ébullition (dix minutes), le courant d'air passant à sa vitesse normale (1 litre par minute), on mesure la vitesse de chute de la feuille de l'électroscope L₂. On répète cette mesure un certain nombre de fois pendant une heure ou deux, et on note la moyenne des nombres observés. On apporte la correction due à la fuite spontanée déterminée comme il est dit ci-dessus. Puis, à l'aide de la courbe d'étalonnage, on cherche à quelle quantité de thorium correspond la vitesse de chute (intensité du courant d'ionisation) obtenue.

On calcule enfin la teneur en thorium d'un gramme de cendres et un gramme de houille.

CHAPITRE II.

RÉSULTATS.

Ainsi que nous l'avons déjà signalé, quelques auteurs ont étudié partiellement, avant nous ou après nous, l'azote brut (azote + gaz rares) de grisous ou de mélanges gazeux naturels divers riches en gaz combustibles.

En ce qui concerne la radioactivité des gaz souterrains autres que les gaz des eaux minérales (nous rappelons que nous avons étudié de nombreux gaz spontanés de sources), un assez grand nombre de mesures ont été effectuées, et l'on a aussi dosé le radium dans quelques échantillons de houille. Comme nous aurons l'occasion, dans le chapitre suivant, de parler spécialement de tous ces résultats pour les comparer aux nôtres, nous les passerons ici sous silence.

Voici donc nos déterminations.

Provenance de nos échantillons de grisous. — Les grisous qui ont fait l'objet de nos analyses sont au nombre de cinq. Trois proviennent de mines situées au nord de la France : Liévin (Pas-de-Calais), Anzin (Nord) et Lens (Pas-de-Calais), et les deux autres sont d'origine étrangère : grisou de Frankenholz (Palatinat) et grisou des charbonnages de l'Agrappe, près Mons (Belgique).

Grâce à l'obligeance de MM. Henry Le Chatelier, membre de l'Institut et Inspecteur général des Mines ; Antoine Guntz, correspondant de l'Institut et directeur de l'Institut chimique de Nancy ; Lucien Cayeux, professeur de géologie au Collège de France, et Jules Bolle, ingénieur des mines et professeur à l'École des mines du Hainaut, nous avons été mis en rapport avec MM. les Directeurs et Ingénieurs des mines susnommées et, en particulier, avec MM. Taffanel, directeur de la Station d'essais de Liévin ; Champy, directeur général, et Courtinat, directeur divisionnaire des mines d'Anzin ; Cuvelette, directeur général adjoint, et Jacquelin, ingénieur, des mines de Lens. A tous, ainsi qu'à toutes les autres personnes qui se sont si aimablement employées à nous procurer les grisous et divers renseignements, nous adressons ici nos très sincères remerciements.

Nous extrayons de l'importante correspondance à laquelle ont donné lieu nos recherches avec MM. les Directeurs et Ingénieurs des mines intéressés, les indications suivantes sur l'origine des grisous qui nous furent envoyés.

Grisou de Liévin. — Ce gaz, prélevé du 4 au 7 mars 1910, provient du soufflard qui alimentait alors la Station des essais. Ce soufflard, dit « soufflard nord », était situé à une profondeur de 526 mètres dans une galerie au rocher de la fosse n° 3 des mines de Liévin. Il apparut, en 1907, au fond d'un trou de mine foré dans des grès, au moment où l'on arrêtait le creusement de la galerie, à 20 mètres de la concession de Lens. Température : environ 25°.

Grisou d'Anzin. — Le gaz qui nous a servi fut prélevé au soufflard de la fosse Hérin, à l'étage de 500 mètres, voie de la Grande Veine. Le soufflard est complètement dans le toit géologique de la veine, constitué par des bancs irréguliers à fissures nombreuses. Température : 15° (?). Date du prélèvement : 6 juin 1910.

Grisou de Lens. — Le grisou envoyé provient d'un trou de sonde horizontal, de 4 mètres de profondeur, foré en massif vierge, dans la veine n° 4 de la fosse n° 13 des mines de Lens, veine recoupée à 850 mètres au nord du puits, à l'étage de 551 mètres. La puissance de cette veine est de 0^m,55. Température : 20°,5. Date de la prise d'essai : 10 juin 1911.

Grisou de Frankenholz. — Ce grisou est fourni par l'un des trous forés à la profondeur de 412^m,25 dans l'exploitation de la couche n° 7. Les forages présentent, sur leur hauteur (40 à 50 mètres), plusieurs soufflards de grisou, sous la pression de quelques atmosphères. Température : 24°. Prise d'essai le 19 avril 1911.

Grisou de Mons. — Pour prélever ce grisou, un trou de sonde a spécialement été foré, à front de la voie de fond, couchant de la veine Petit Samain, à une profondeur de 550 mètres, au puits n° 12 (dit de Noirchain) des Charbonnages réunis de l'Agrappe. Le trou de sonde, entièrement situé dans le banc de charbon (puissance : $0^m,75$), avait une profondeur de $8^m,50$. En même temps que le gaz, il s'est dégagé un peu d'eau de carrière. Date de la prise d'essai : 31 juillet 1911.

Ainsi qu'on le voit, trois de nos grisous (Liévin, Anzin et Frankenholz) proviennent de soufflards naturels, apparus dans les terrains encaissant les veines de houille ; seuls, les grisous de Lens et de Mons ont été prélevés, au sein même de la houille, par des sondages.

A. — Résultats numériques de l'analyse des grisous.

Nous rassemblons dans le tableau suivant les résultats numériques de nos expériences concernant les dosages d'azote et de gaz rares dans les grisous étudiés et qui conduisent à la composition centésimale, en volumes, des grisous.

ORIGINE du grisou	VOLUME DE GRISOU TRAITÉ	AZOTE BRUT p. 100 DU GAZ naturel sec	GAZ RARES p. 100 de l'azote brut	He + Ne p. 100 des gaz rares en bloc	COMPOSITION CENTÉSIMALE EN VOLUMES DES GRISOUS SECS					
					CO^2	O	Gaz combustibles	N	en bloc	Gaz rares	
										Hélium + traces néon	Argon + traces krypton et xénon
	litres										
Liévin........	12,35	2,47	2,127	25,10	0,5	néant	97,03	2,41	0,053	0,013	0,010
Anzin........	16,10	1,02	3,40	67,30	0,16	néant	97,92	1,851	0,063	0,011	0,021
Lens........	10,50	1,85	2,01	0,87	néant	néant	98,15	1,81	0,037	0,0003	0,0367
Frankenholz..	3,80	2,11	2,28	57,0	2,80	traces	95,09	2,06	0,048	0,027	0,021
Mons........	18,75	0,37	14,33	94,20	traces	néant	99,60	0,317	0,053	0,050	0,003

Débits. — Les dégagements de grisou, en général, sont très abondants, mais leur durée est relativement courte, et, de plus, ils sont irréguliers. Aussi est-il difficile de connaître avec exactitude le volume de gaz rares qu'un grisou répand dans l'atmosphère.

Pour quatre des cinq grisous étudiés par nous, voici les résultats que nous avons recueillis concernant les débits :

Grisou de Liévin. — Le soufflard, apparu en 1907, débitait, le 24 mai 1907, $33^{m3},6$ de grisou par jour (vingt-quatre heures); à la prise d'essai du gaz que nous avons examiné, le 7 mars 1910, le débit s'était abaissé à 650 litres environ par jour. Il s'est ensuite complètement tari.

Grisou d'Anzin. — Après avoir présenté pendant douze ans un dégagement régulier de grisou (nous en ignorons la valeur), le soufflard ne débitait plus, le 6 juin 1910, à la prise d'essai, que $5^{m3},75$ par jour. Aujourd'hui il est épuisé. M. Courtinat nous a indiqué que les mines d'Anzin extraient, en moyenne, 30.000 mètres cubes de grisou pur par jour.

En supposant à ce gaz, pour fixer les idées, une composition moyenne constante et analogue à celle de l'échantillon que nous avons analysé, on obtient pour les débits en gaz rares les nombres suivants, certainement exacts quant à l'ordre de grandeur :

GRISOU D'ANZIN.

	PROPORTIONS dans le grisou	DÉBIT QUOTIDIEN	DÉBIT ANNUEL
Gaz rares en bloc........	0,06 p. 100	18 mètres cubes	6.570 mètres cubes
Hélium.................	0,04 —	12 —	4.380 —
Argon	0,02 —	6 —	2.190 —

Grisou de Lens. — A l'époque du forage, au mois d'avril 1911, le sondage fournissait 720 litres de grisou par jour. A l'époque de la prise d'essai, le 10 juin 1911, le débit s'était abaissé à 48 litres par jour.

Grisou de Frankenholz. — D'après des renseignements que nous a communiqués M. Guntz, le soufflard de la mine de Frankenholz, en activité depuis sept ans, débite 7.200 mètres cubes de grisou par jour, et la quantité totale de grisou qui se dégage chaque jour de la mine est de 37.000 mètres cubes. En faisant, à propos de ce gaz, la même hypothèse que pour le grisou d'Anzin, les débits en gaz rares sont :

GRISOU DE FRANKENHOLZ.

	PROPORTIONS dans le grisou	DÉBIT QUOTIDIEN	DÉBIT ANNUEL
Gaz rares en bloc........	0,045 p. 100	16 mètres cubes	5.840 mètres cubes
Hélium..................	0,027 —	10 —	3.650 —
Argon..................	0,020 —	7 —	2.555 —

B. — RÉSULTATS RELATIFS A LA RADIOACTIVITÉ DES GRISOUS ET DES HOUILLES.

Emanation du radium des grisous. — Dans aucun de nos cinq grisous, nous n'avons pu mettre en évidence la présence de l'émanation du radium. Étant donné que la quantité minima d'émanation que notre méthode nous permettrait de déceler et de mesurer est environ 2.10^{-11} curie par litre de gaz, nous pouvons affirmer que les cinq grisous étudiés par nous en contiennent moins que 2.10^{-11} curie, soit 0,02 millimicrocurie, par litre. Nos analyses nous ont montré que, pour ces cinq grisous, les proportions moyennes d'azote brut sont d'environ 2 p. 100 du gaz naturel. Il s'ensuit donc que si l'on rapporte l'émanation à l'azote brut, celui-ci en contient une proportion au plus égale à 1 millimicrocurie par litre. Au point de vue pratique, donc, ces grisous, ou même l'azote brut de ces grisous, ne sont pas radioactifs.

Radium et thorium dans les houilles. — Pour les trois grisous dont les points d'émergence ne sont pas au sein de veines de houille (Liévin, Anzin, Frankenholz), nous avons demandé, en vue de nos dosages de radium et de thorium, des échantillons de houille prélevés aussi près que possible des soufflards. Quant aux sondages de Lens et de Mons, les échantillons de houille examinés appartiennent à la veine même qui a fourni le grisou. Nous consignons dans le tableau suivant les résultats de nos mesures :

RADIUM ET THORIUM DANS LES HOUILLES.

ORIGINE	POIDS de houille traité en grammes	CENDRES p. 100 en poids de la houille	RADIUM EN 10^{-12} GR.		THORIUM EN 10^{-5} GR.	
			dans 1 gramme de cendres	dans 1 gramme de houille	dans 1 gramme de cendres	dans 1 gramme de houille
Liévin........	200	46	< 0,5	< 0,2	< 0,5	< 0,01
Anzin........	2.000	3,5	< 0,5	< 0,01	3	0,33
Lens........	500	11	8,8	0,97	1,5	0,03
Frankenholz..	2.000	2	2	0,04	1,2	0,02
Mons........	2.000	2,3	< 0,5	< 0,01		

Il y aura lieu de compléter les déterminations de radium et de thorium dans la houille par l'étude, au même point de vue, des roches « encaissantes », qui sont, en général, des grès et des schistes. On sait, par de nombreuses mesures dues à divers savants, que leur teneur moyenne est : en radium, de l'ordre de $1,5 \cdot 10^{-12}$ grammes de radium par gramme de roche ; et, en thorium, de $1,2 \cdot 10^{-5}$ grammes de thorium par gramme de roche.

CHAPITRE III.

CONSIDÉRATIONS DIVERSES. — CONCLUSIONS.

Nous avons rassemblé, dans le chapitre précédent, les résultats bruts de nos mesures. Il s'agit maintenant de déduire, de ces données nouvelles et de leur comparaison avec celles qui ont été obtenues antérieurement par d'autres auteurs et par nous-mêmes, les enseignements qu'elles comportent et les conclusions qui en découlent.

A. — REMARQUES SUR LA COMPOSITION DES GRISOUS ET DES MÉLANGES NATURELS ANALOGUES.

Laissant de côté la partie combustible, que nous nous sommes bornés à déterminer en bloc et qui est toujours largement prédominante dans les grisous, nous ferons les remarques suivantes :

1° Nous avons trouvé nos grisous, à l'exception d'un seul (Frankenholz), complètement dépourvus d'oxygène. Th. Schlœsing fils a fait la même constatation sur une série d'échantillons d'origine française, qui avaient été recueillis avec un soin tout particulier (*). Il est, dès lors, bien probable que les traces d'oxygène que nous avons rencontrées dans notre échantillon de grisou de Frankenholz sont imputables à l'introduction accidentelle de petites quantités d'air. Tous les grisous doivent sans doute être exempts d'oxygène. Cette conclusion n'offre d'ailleurs rien que de très naturel. La houille, en effet, absorbe aisément l'oxygène, et, si un peu de ce gaz venait à y pénétrer, il ne tarderait pas à y disparaître. La plupart des autres gaz naturels, analogues aux gri-

---

(*) *Annales des Mines*, livraison de janvier 1897.

sous par leur composition, qui ont été étudiés, sont donnés comme renfermant de petites quantités d'oxygène. Il est possible que si les échantillons avaient été prélevés avec toutes les précautions nécessaires, ils eussent été trouvés entièrement exempts de ce gaz.

Quoi qu'il en soit, si l'on rapproche de ces résultats le fait que l'oxygène est complètement ou presque complètement absent dans la grande majorité des gaz des sources thermales, on ne peut s'empêcher de remarquer le contraste qui existe, eu égard à la teneur en oxygène, entre l'atmosphère interne de la Terre et son atmosphère externe, qui en contient *un cinquième*.

2° D'après nos recherches et celles de Schlœsing, il y a au plus quelques centièmes d'anhydride carbonique dans les grisous. Un de nos échantillons (Lens) en était même totalement dépourvu. Une faible teneur paraît être le cas général pour les mélanges naturels riches en gaz combustibles (*). On se rappelle que dans les sources thermales, au contraire, l'anhydride carbonique est souvent très abondant.

3° Les grisous renferment toujours une partie non combustible, laquelle, en dehors de l'anhydride carbonique, est constituée par l'azote et les gaz rares (mélange que nous appelons *azote brut*).

La proportion d'azote brut, toujours très notablement inférieure à celle de la partie combustible, peut varier néanmoins dans d'assez larges limites. Un de nos grisous n'en contenait que 3,7 millièmes, et, chez les autres, la proportion était, en moyenne, voisine de 2 centièmes.

(*) On trouvera, dans la très intéressante thèse du Dʳ EMERICH CZAKO (*Beiträge zur Kenntnis natürlicher Gasausströmungen*, 1913, Karlsruhe), un tableau résumant les mesures qui ont été faites par différents auteurs relativement à la composition d'un grand nombre de gaz naturels plus ou moins riches en gaz combustibles.

Schlœsing (*), dans l'examen qu'il a fait d'échantillons de grisou bien exempts d'air, a trouvé des proportions d'azote brut variant de 7,4 millièmes à 30 centièmes.

Des écarts encore plus larges ont été observés dans d'autres gaz naturels. Quelques chiffres seront cités ci-dessous.

4° a) En ce qui concerne la composition qualitative de cet azote brut, nos recherches présentent un accord très complet. Outre l'azote lui-même, les cinq gaz rares : hélium, néon, argon, krypton, xénon, ont été nettement caractérisés dans nos divers échantillons de grisou.

De son côté, Schlœsing a mis en évidence l'argon dans ceux de ses échantillons de grisou (Anzin, Plat-de-Gier, Saint-Étienne), où il l'a recherché.

L'argon et l'hélium ont, en outre, été recherchés et reconnus par nous dans le grisou de Liévin, et l'hélium dans ceux d'Anzin et de Plat-de-Gier (**).

Ajoutons enfin que Czakò a caractérisé l'hélium dans le grisou de Zeche Gneisenau (***).

Bref, les cinq gaz rares ont pu être reconnus dans tous les grisous où on les a recherchés. On peut en déduire qu'ils sont présents dans tous les grisous.

(*) Loc. cit.

(**) M. Schlœsing voulut bien nous confier, à cet effet, les tubes de Plucker qu'il avait préparés avec l' « argon brut » de ces grisous.

Nous ajouterons encore que M. Schlœsing nous ayant remis deux échantillons d' « argon brut », qui se trouvaient avoir été accidentellement mélangés de fortes proportions d'air, nous avons pu néanmoins en tirer des renseignements intéressants. Le premier échantillon (provenant des grisous de Ronchamp, Anzin et Plat-de-Gier, et contenant 11,38 p. 100 d'oxygène) renfermait 26 p. 100 de gaz rares (en bloc), dans lesquels il y avait 39,21 p. 100 d'hélium ; et le second (provenant des grisous de Bessèges, Liévin, Saint-Étienne, Plat-de-Gier et du « gaz de Rochebelle », et qui contenait 15,76 p. 100 d'oxygène) renfermait 10 p. 100 de gaz rares (en bloc), dans lesquels nous avons dosé 25,27 p. 100 d'hélium. Comme la teneur en hélium du mélange global des gaz rares de l'air est incomparablement moindre (98 cent-millièmes), ces mesures prouvent, pour le moins, la présence de l'hélium dans le mélange des grisous correspondants.

(***) Loc. cit.

b) Quant aux proportions des gaz rares, elles sont toujours beaucoup plus faibles que celles de l'azote. Le mélange global des gaz rares, dans celui de nos grisous où il est le plus abondant, est de 6,5 dix-millièmes (Anzin). Dans les grisous étudiés par Schlœsing, il a varié de 1,2 (Firminy) à 60 (Plat-de-Gier) dix-millièmes.

Nous ne connaissons pas, pour le moment, les teneurs de nos grisous en néon. Nous pouvons dire seulement qu'elles sont très faibles, et, de plus, qu'elles pourront généralement, dans ces gaz, être négligées devant celles de l'hélium.

Toujours infimes, les teneurs en krypton et xénon y seront, de même, négligeables devant celles de l'argon.

Les proportions d'hélium, dans nos grisous, vont de 3 millionièmes (Lens) à 5 dix-millièmes (Mons). Dans le grisou de Zeche Gneisenau, Czakò a trouvé une teneur en hélium de 67 millionièmes. Nous reviendrons ci-dessous sur les débits d'hélium dans les grisous (voir en B).

Les teneurs en argon sont comprises dans nos grisous entre 3 cent-millièmes (Mons) et 4 dix-millièmes (Liévin).

c) En ce qui concerne les gaz naturels riches en gaz combustibles et autres que les grisous, nous avons relevé les observations suivantes :

Nasini, Anderlini et Salvadori ont dosé, dans le gaz de Porretta, 9,38 (moyenne) p. 100 d'azote brut, et, dans cet azote brut, 3 p. 100 d'un mélange non absorbable où ils ont mis en évidence l'argon et l'hélium (*).

Dans les nombreux gaz naturels des États-Unis d'Amérique qu'ont étudiés P. Cady et F. Mac Farland (**), les proportions d'azote brut ont varié de 0,89 à 84,54 p. 100.

(*) *Gazz. Chim. Ital.*, XXVIII, p. 111.
(**) *Journ. Amer. Chem. Soc.*, XXIX (novembre 1907), p. 1523.

Parmi les gaz rares, ces auteurs ne se sont occupés que de l'hélium, dont les teneurs étaient comprises entre 0,009 p. 100 et 1,84 p. 100 du gaz naturel brut.

Le néon, toutefois, a, en outre, été reconnu dans un cas.

Dans quelques gaz naturels (*Erdgasen*), de provenances diverses (Allemagne, Autriche-Hongrie), qu'Emerich Czakò, postérieurement à nos recherches, a soumis à la même étude, il a trouvé des teneurs en azote brut allant de 0,73 à 46,55 p. 100, et des proportions d'hélium comprises entre 0,0014 et 0,38 p. 100 du gaz naturel brut. Certains débits observés présentent un grand intérêt ; nous en parlerons plus loin (en B) (*).

Antérieurement aux travaux de Czakò, Voller et Walter avaient déjà dans un des gaz naturels (Neuengamme) étudiés par cet auteur, reconnu la présence de l'argon et de l'hélium (**).

Ajoutons enfin, dans le même ordre de faits, que Sir James Dewar a caractérisé le néon dans des gaz de pétrole (***).

5° On voit, par ce qui précède, que si un grand nombre de gaz naturels riches en gaz combustibles ont été étudiés, il n'en est pas qui aient fait l'objet de recherches aussi

---

(*) *Zeitschr. f. Anorg. Chem.*, LXXXII (1913), p. 249.

(**) *Jahrb. d. Hamburg Wiss. Anstalten*, XXVIII (1910), Heft 5.

(***) *Annal. Chim. Phys.*, 8ᵉ série, t. III (1904), p. 5 et 12.

Observons ici qu'avant la découverte des gaz rares un grand nombre d'autres gaz naturels divers, appartenant aux régions du globe les plus variées avaient fait l'objet, de la part de différents auteurs, d'études généralement sommaires. Il suffira de rappeler ici les analyses classiques que Fouqué et Gorceix publièrent, en 1869, d'une vingtaine de gaz italiens, où les teneurs en gaz combustible dépassaient généralement 90 p. 100, le reste, hormis l'anhydride carbonique, étant compté comme « azote » [*Comptes rendus des séances de l'Académie des Sciences*, LXIX (1869), p. 946]. Cet « azote » n'était certainement pas de l'azote pur, mais de l' « azote brut » au sens que nous attribuons à cette expression, c'est-à-dire un mélange d'azote et de gaz rares.

complètes que nos grisous, dans chacun desquels nous avons reconnu les cinq gaz rares à côté de l'azote et dosé ces divers éléments, sauf le néon. Toutefois, si les recherches effectuées par les auteurs ont été plus ou moins sommaires, nous constatons que les différents et nombreux résultats partiels concordent parfaitement avec ceux que nous avons nous-mêmes obtenus. Et l'on peut en inférer que l'azote et les cinq gaz rares sont présents dans tous les gaz souterrains riches en gaz combustibles.

Nous savons, d'autre part (voir notre Introduction, p. 13), que les cinq gaz rares accompagnent constamment l'azote dans tous les gaz de sources thermales. Il est donc logique de considérer le fait comme général pour tous les mélanges gazeux naturels. Cette conclusion se dégagera avec plus de force encore lorsque, poussant plus avant l'examen de nos résultats, nous envisagerons certains rapports numériques (voir ci-dessous, en C).

B. — HÉLIUM DES GRISOUS ET RADIOACTIVITÉ.

Il est établi, par tout ce qui précède, que l'hélium est un des éléments constitutifs de tous les mélanges gazeux naturels. Ce fait est en complet accord avec les prévisions. L'hélium, en effet, se produit dans la désintégration des substances radioactives, et des traces de celles-ci se rencontrent en tous lieux dans le sol et le sous-sol. On devait donc y rencontrer partout l'hélium.

Ce point étant acquis, diverses considérations trouveront ici leur place.

1° Il résulte de nos recherches que les grisous peuvent renfermer des proportions relativement importantes d'hélium (5 dix-millièmes à Mons). Si l'on tient compte des forts débits qu'ils présentent généralement, on s'aperçoit que des quantités considérables d'hélium sont déversées par cette voie dans l'atmosphère. La mine d'Anzin (0,04 p. 100 d'hélium) en dégage 12 mètres cubes par jour, soit 4.380 mètres cubes par an, et celle de Frankenholz (0,027 p. 100) 10 mètres cubes par jour, soit 3.650 mètres cubes par an. Ces débits sont énormes, et ils surpassent de beaucoup ceux que nous avons rencontrés dans les sources thermales les plus riches (Santenay, 18 mètres cubes par an ; Néris, 34 mètres cubes par an). Il convient toutefois de ne pas oublier, à ce propos, que les dégagements gazeux des sources thermales sont constants et durables, tandis que les soufflards des grisous s'épuisent généralement en quelques années. Et nous ignorons lequel, de l'hélium des sources ou de celui des grisous, l'emporterait si on considérait une longue période de temps.

Rappelons ici l'intérêt que présentent, à un autre point de vue, les dégagements gazeux de certaines sources thermales. Si les débits des sources de Maizières et de Santenay apparaissent relativement faibles devant ceux des grisous (respectivement 1 mètre cube et 18 mètres cubes par an), les concentrations en hélium y sont, par contre, très élevées ; le gaz spontané brut renferme, à Maizières, près de 6 p. 100 d'hélium, et, à Santenay, 10 p. 100 (*).

2° Nous avons reconnu des traces de radium et de thorium (dans les houilles d'où proviennent nos grisous (moyennes : $0,2 . 10^{-12}$ grammes de radium et $0,1 . 10^{-5}$ grammes de thorium par gramme de houille). En dehors de nos déterminations, les seules, à notre connaissance, qui aient été faites relativement à la radioactivité des houilles, sont dues à Lloyd et Cunningham, de l'Université d'Alabama (Etats-Unis d'Amérique), qui, tout récemment, ont dosé le radium dans dix échantillons de houille provenant de différentes localités

(*) *Journ. de Chim.-Phys.*, t. XI (1913), p. 121.

et dans un lignite; la moyenne des teneurs était de 0,166.10^{-12} grammes de radium par gramme de houille (*). Ces résultats, comme on le voit, sont en parfaite concordance avec ceux de nos dosages de radium.

Si nous n'avons pas trouvé radioactifs les grisous eux-mêmes, cela tient, sans aucun doute, à l'insuffisance de la sensibilité de notre méthode. Minimes, en effet, sont les quantités d'émanation que les faibles traces de radium des houilles — pour ne parler que de cet élément radio-actif, dont l'émanation est à destruction lente — doivent déverser dans les grisous (**).

Les infimes teneurs des houilles ou des grisous en matières radioactives peuvent-elles rendre compte des énormes débits d'hélium des soufflards? Nous donnerons à cet égard, à titre d'exemple, le calcul suivant, relatif au grisou de Frankenholz.

Le grisou qui se dégage de cette mine amène au jour, quotidiennement, 9 mètres cubes d'hélium. Pour fixer les idées, nous supposerons que la quantité totale d'hélium qu'elle aura déversée dans l'atmosphère, lorsqu'elle sera épuisée, est équivalente à celle qu'elle fournirait avec le débit actuel, et le gaz ayant partout et toujours la même teneur en hélium (0,027 p. 100), pendant vingt ans, ce qui donnerait le volume de 73.000 mètres cubes. Admettons pour un instant, en outre, que cette quantité d'hélium représente la totalité de celle qui a été produite par les matières radioactives de la houille (dont nous supposerons encore, pour simplifier, que la masse n'a pas diminué) depuis la période carbonifère, que nous ferons remonter, pour prendre un chiffre moyen parmi ceux qui

_____

(*) *Amer. Chem. Journ.*, L (1913), p. 47.
(**) L'observation suivante confirme cette manière de voir. Jean Barrois ayant recherché, par la même méthode que la nôtre, l'émanation du radium dans trois sources d'eau des houillères du Nord de la France, il ne put la déceler (traces) que dans une seule d'entre elles.

ont été proposés, à cent millions d'années. Connaissant
les teneurs de la houille de Frankenholz en radium
(0,04 . 10^{-12} grammes de Ra par gramme de houille) et
en thorium (0,03 . 10^{-5} grammes de thorium par gramme
de houille), ainsi que les lois de production de l'hélium par
le radium et le thorium (*), on trouve qu'il a été produit
2,2 . 10^{-3} millimètre cube d'hélium par gramme de houille,
et que, par conséquent, le poids de houille d'où pro-
viendraient les 73.000 mètres cubes d'hélium serait
de 33 milliards de tonnes (soit 22 milliards de mètres
cubes; c'est environ 1.000 fois la production annuelle de
la France). Mais n'est-il pas probable que l'hélium engendré reste, en grande partie, occlus dans la houille, et
qu'une fraction très petite doit seule en sortir, en sorte
que la masse de houille qui aurait été réellement nécessaire pour que la mine puisse répandre dans l'atmosphère 73.000 mètres cubes d'hélium serait très supérieure à 33 milliards de tonnes (peut-être 100 fois ou
1.000 fois cette quantité, peut-être beaucoup plus encore)? Il semble donc, d'après ces évaluations, qu'il n'y
ait qu'une très petite fraction de l'hélium des grisous qui
doive être issue des matières radioactives de la houille (**).

(*) Nous supposons que le radium, dans la houille, est en équilibre
radioactif avec tous les termes de sa série. Dans ces conditions, la
quantité d'hélium annuellement produite par l'ensemble de la série est
de 316 millimètres cubes pour chaque gramme de radium présent.
De même, pour 1 gramme de thorium en équilibre radioactif avec sa
série, la production annuelle d'hélium par l'ensemble des termes est de
3,1 . 10^{-5} millimètre cube.

(**) Des données essentielles font défaut pour une discussion plus
approfondie de la question. Il serait indispensable de connaître, notamment, la quantité d'hélium qu'un poids déterminé de houille contient,
effectivement, avant la naissance et après l'extinction du soufflard.
Dans le même ordre d'idées, la détermination de l'hélium (et aussi des
autres gaz rares) dans le gaz d'éclairage ne serait pas sans présenter
un réel intérêt au regard de la Physique du Globe. Il est vraisemblable
que l'éclairage et le chauffage au gaz, et, en général, la combustion de
la houille, introduisent des quantités relativement considérables d'hélium dans l'atmosphère.

D'un autre côté, il résulte de nos recherches que l'hélium est toujours accompagné, dans les grisous, des quatre autres gaz rares : néon, argon, krypton, xénon. Or ceux-ci ne sont certainement pas produits par la houille : ils viennent, sans aucun doute, d'ailleurs. Et comme nos travaux antérieurs ont prouvé que les cinq gaz rares se trouvent toujours ensemble dans les mélanges naturels, il est ainsi démontré que les matières radioactives de la houille ne sont pour rien dans la production d'une partie, au moins, de l'hélium des grisous. Nous pensons pouvoir ajouter que cette partie est de beaucoup la plus importante.

On pourrait envisager le même problème en considérant aussi les roches encaissantes, dans la substance desquelles sont également disséminées des matières radioactives. D'après les plus récentes études, les teneurs moyennes des roches sédimentaires sont, pour le radium, $1,5 . 10^{-12}$ gramme de radium par gramme de roche, et, pour le thorium, $1,16 . 10^{-5}$ gramme de thorium par gramme de roche (*), soit environ 40 fois les teneurs en radium et en thorium des houilles (**). On voit donc qu'un raisonnement semblable au précédent conduirait à des chiffres du même ordre de grandeur et, par conséquent, à une conclusion analogue (***).

Quoi qu'il en soit, en présence de quantités aussi consi-

(*) J. JOLY, *Phil. Mag.*, 6e série. t. XXIV (1912), p. 694.

(**) On a remarqué que, dans les roches, le rapport entre le thorium et le radium paraît présenter une certaine constance; il est généralement voisin de 10^7. Nous voyons que ce rapport se retrouve avec sa même valeur dans les houilles.

(***) Dans le mémoire sur les gaz rares des sources thermales publié au *Journal de Chimie-Physique* (t. XI, février 1913), on a laissé de côté, à propos de l'hélium des sources et de l'atmosphère, le thorium des roches, et on n'a fait entrer en ligne de compte que le radium. Il serait facile, reprenant la question, de la compléter. Indiquons seulement ici qu'au point de vue de la production de l'hélium dans les roches de l'écorce terrestre en général, le thorium présente à peu près la même importance que le radium.

dérables d'hélium, il est hors de doute qu'il n'y en a qu'une minime fraction qui soit de formation récente, de l'hélium *jeune ;* on peut dire, en toute assurance, que la presque totalité est, au contraire, de l'hélium ancien, de l'hélium *fossile*, et qu'une partie au moins (sans doute de beaucoup la plus importante) n'est pas issue des matières radioactives de la houille. Comment, par quel mécanisme, cet hélium étranger a-t-il pu être amené dans la masse des houilles grisouteuses ? Nous nous contenterons, pour l'instant, de poser la question. Elle se présente, en effet, de la même manière pour les autres gaz rares, qui, comme nous savons, font également partie constitutive des grisous. Nous l'examinerons plus loin dans son ensemble (voir en D).

3° *a*) Parmi les faits intéressants que Czakó a mis en lumière dans sa toute récente étude de quelques dégagements de gaz souterrains riches en gaz combustibles (*Erdgazen*) (*), c'est avec raison qu'il appelle l'attention sur les importants débits de deux de ces gaz : celui de Kissarmas (forage n° II) et celui de Neuengamme. Les quantités d'hélium annuellement fournies sont de 4.380 mètres cubes pour le premier, et de 25.550 mètres cubes pour le second. Ces débits sont du même ordre que celui que nous avons signalé à Anzin (4.380 mètres cubes d'hélium par an). Le débit de Neuengamme, toutefois, est sensiblement plus élevé. Le dégagement gazeux de Neuengamme constitue sans doute la source d'hélium la plus abondante qui soit actuellement connue (**).

Ces nouveaux documents, s'ajoutant à ceux qu'ont

(*) *Zeitsch. für Anorg. Chem.*, t. LXXXII (1913), p. 264.

(**) P. Cady et D. Mac Farland n'indiquent pas dans leur mémoire (*loc. cit.*) les débits des gaz naturels qu'ils ont étudiés, et où ils ont généralement rencontré des proportions relativement importantes d'hélium. Plusieurs de ces débits doivent être considérables, attendu que les gaz correspondants sont largement utilisés pour des usages industriels.

apportés nos travaux sur les gaz spontanés de sources
thermales et sur les grisous, font entrevoir quelles
énormes quantités d'hélium sont sans cesse amenées au
jour par les dégagements de gaz souterrains. Notre atmosphère s'enrichit-elle, de ce fait, en hélium, ou, au contraire, sa teneur en hélium reste-t-elle constante ou
même diminue-t-elle, comme on le suppose, grâce à une
véritable distillation d'hélium qui s'effectuerait perpétuellement vers les espaces célestes? Des dosages précis
d'hélium dans l'air, effectués à de longs intervalles de
temps, pourraient fournir à cet égard de précieuses indications. Quoi qu'il en soit, étant donnée l'étroite parenté
de l'hélium avec les corps radioactifs, nous ne saurions
trop insister sur l'intérêt qui s'attacherait à l'étude d'un
tel problème au point de vue de la Physique du Globe et
de l'Évolution des Mondes(*).

b) Czakó a constaté que ses mélanges gazeux souterrains étaient tous radioactifs, et que l'activité, extrêmement faible dans quelques cas, était en rapport avec la
nature du terrain d'origine. D'une vue d'ensemble sur les
résultats observés il conclut, en dépit de quelques excep-
tions, à l'existence d'une certaine proportionnalité entre
la radioactivité des gaz et leur richesse en hélium. Nous
ne saurions, quant à nous, souscrire à cette opinion.
Les nombreuses déterminations que nous avons effectuées
sur les gaz des sources thermales nous ont prouvé l'absence de toute relation, même grossière, entre l'hélium
des sources et leur radioactivité, et il n'y a aucune raison de supposer qu'il doive en être autrement pour des
mélanges riches en gaz combustibles. Nous tenons donc
pour fortuites les concordances observées par Czakó(**).

(*) Nous rappelons que, dans cet ordre d'idées, diverses considérations ont été présentées dans le mémoire sur les gaz rares des sources
thermales paru au *Journal de Chim.-Phys.*[t. XI (1913), p. 128 et suiv.].

(**) Nous ne pouvons que mentionner ici, pour mémoire, les recherches
qui ont été faites par quelques autres auteurs, au point de vue de la ra-

C. — CONSTANCE DE CERTAINS RAPPORTS.

Nous avons montré dans notre Introduction que les rapports, en volumes, du krypton à l'argon, du xénon à l'argon, du xénon au krypton, et de chacun de ces gaz à l'azote, dans les gaz spontanés des sources thermales, présentent, d'après les mesures faites par nous sur un grand nombre de ces mélanges naturels, un caractère de constance tout à fait évident, et que leurs valeurs respectives *moyennes* sont très voisines (légèrement supérieures) aux valeurs des rapports correspondants dans l'air atmosphérique. Cette constance remarquable nous a paru s'expliquer au moyen d'une hypothèse très simple, laquelle, remontant jusqu'à la nébuleuse génératrice du système solaire, s'appuie sur l'inertie chimique des éléments considérés(*), ainsi que sur leur faculté de conserver l'état gazeux dans un large champ de variation des conditions physiques.

Ayant dosé l'azote et les gaz rares dans les grisous, il est naturel que nous recherchions si la loi de constance s'étend aussi à ces mélanges gazeux, absolument différents de ceux qui ont fait l'objet de nos travaux antérieurs.

A cet effet, nous avons calculé, pour les échantillons de grisou étudiés, les rapports argon-azote, krypton-

---

dioactivité, sur un grand nombre de gaz naturels plus ou moins riches on gaz combustibles : par HIMSTEDT, sur divers gaz de pétrole [*Phys. Zeitschr.*, V (1904), 210]; par BURTON, sur des gaz de pétrole de l'Amérique du Nord [*Phys. Zeitschr.* (1904), 511]; par MAC LENNAN, sur quelques gaz naturels de West-Ontario [*Nature*, LXX (1904), 151]; par HURMUZESCU, sur les pétroles de Roumanie [*Petroleum*, III (1907), 235; *Annal. scientif. de l'Université de Jassy*, V (1901), 1]. Ces auteurs ne se sont occupés que des émanations radioactives, et n'ont fait aucune détermination d'hélium.

(*) Nous rappelons que l'azote, au point de vue de la Géologie, peut être considéré, d'après nos recherches, comme un gaz sensiblement inerte.

argon, xénon-argon et xénon-krypton. Les valeurs de quelques rapports ont, en outre, pu être déterminées dans deux échantillons d'« *argon brut* » (ce que nous appelons mélange global des gaz rares) de grisous, obligeamment mis à notre disposition par M. Th. Schlœsing fils (*).

Dans le tableau suivant, nous donnons les valeurs respectives, en volumes, de ces divers rapports, la valeur que chacun d'eux présente dans l'air atmosphérique étant conventionnellement prise pour unité. Nous y ajoutons, à titre d'indication, les valeurs absolues, multipliées par 100, des rapports argon-azote.

PROVENANCE du grisou	$\frac{Ar}{N}10^2$	$\dfrac{\frac{Ar}{N}\text{(grisou)}}{\frac{Ar}{N}\text{(air)}}$	$\dfrac{\frac{Kr}{Ar}\text{(grisou)}}{\frac{Kr}{Ar}\text{(air)}}$	$\dfrac{\frac{Xe}{Ar}\text{(grisou)}}{\frac{Xe}{Ar}\text{(air)}}$	$\dfrac{\frac{Xe}{Kr}\text{(grisou)}}{\frac{Xe}{Kr}\text{(air)}}$
Air..................	1,18	1	1	1	1
Liévin..............	1,63	1,38	1,4	1,2	0,9
Anzin..............	1,15	0,07	1	1,1	1,1
Lens...............	2,03	1,72	0,5	0,3	0,7
Frankenholz (Palatinat).............	1,003	0,85	1,1	1,2	1,1
Mons (Belgique).....	0,97	0,82	1,3	2,1	1,0
Gaz de M. Schlœsing (échantillon n° I)..			1	1	1
Gaz de M. Schlœsing (échantillon n° II).			1,1	2	1,4

a) On voit que les divers rapports, lorsque l'on prend le rapport dans l'air pour unité, sont assez voisins les uns des autres, et qu'ils s'éloignent relativement peu de l'unité. Ils sont d'ailleurs tous (sauf trois des rapports du grisou de Lens) compris entre les limites extrêmes atteintes par les rapports correspondants des mélanges gazeux naturels

(*) Les deux échantillons d'argon brut sont ceux dont il est question dans la deuxième note de la page 78. L'échantillon n° I provenait des grisous de Ronchamp, Anzin et Plat-de-Gier et l'échantillon n° II provenait des grisous de Bessèges, Liévin, Saint-Étienne, Plat-de-Gier, et du gaz de Rochebelle.

précédemment étudiés. Il nous paraît donc légitime d'affirmer que la loi de constance des rapports entre les gaz
chimiquement inertes dans les mélanges gazeux naturels
s'applique certainement aussi aux grisous (*).

b) Nous ne pouvons cependant pas ne pas observer
que, malgré le petit nombre de cas étudiés, les variations
de ces divers rapports se montrent beaucoup plus étendues
dans les grisous que dans les gaz thermaux. Il convient
de remarquer, en outre, que la plupart des valeurs des
rapports ci-dessus sont inférieures aux valeurs moyennes
des rapports correspondants pour les gaz thermaux ; et
l'on voit, en particulier, combien sont faibles les valeurs
de trois des rapports dans le grisou de Lens (0,5 ; 0,3 ;
0,7). Nous reviendrons plus loin sur ces divers points.

c) Pour ce qui est des mélanges gazeux naturels riches
en gaz combustibles autres que les grisous, nous n'avons
pu, faute de données expérimentales, calculer les rapports
que nous venons d'envisager. C'est une lacune que nous
nous efforcerons de combler dans la suite.

Cas de l'hélium. — Variabilité des rapports. — Dans ce
qui vient d'être dit sur les rapports mutuels des gaz inertes,
nous n'avons mis en cause que l'argon, le krypton, le
xénon et l'azote, laissant de côté l'hélium et le néon. La
raison en est, pour le néon, en ce que les données
analytiques quantitatives nous font totalement défaut. En
attendant les résultats expérimentaux indispensables, nous
présenterons plus loin quelques réflexions à son sujet. Nous
sommes en mesure, par contre, de traiter le cas de l'hélium.

(*) Nous tenons à rappeler, à ce sujet, que Schlœsing avait déjà
observé que le rapport de l'*argon brut* (mélange global des gaz rares)
à l'azote dans les grisous varie entre des limites peu étendues, et qu'il
est quelquefois très voisin de la valeur qu'il présente dans l'air (*Annales des Mines*, janvier 1897). Ce qui est dit plus loin montrera que la
principale cause des écarts était l'hélium, dont les rapports avec les
autres gaz inertes ne présentent aucune uniformité.

a) Il résulte de nos déterminations, en ce qui concerne l'hélium, que son rapport avec l'un quelconque des autres gaz inertes ne présente aucune régularité. Dans le tableau suivant, nous donnons, à titre d'exemples, les rapports hélium-argon dans nos grisous, les valeurs de ces rapports quand on prend la valeur dans l'air pour unité, et les rapports hélium-azote en valeurs absolues et calculés également par rapport à l'air.

PROVENANCE	$\dfrac{He}{Ar}$	$\dfrac{\frac{He}{Ar}\ (grisou)}{\frac{He}{Ar}\ (air)}$	$\dfrac{He}{N}$	$\dfrac{\frac{He}{N}\ (grisou)}{\frac{He}{N}\ (air)}$
Liévin	0,325	606,3	0,0054	790
Anzin.................	2,095	3.909	0,0237	3.470
Lens.................	0,00817	15,25	0,00021	30
Frankenholz..........	1,286	2.400	0,0133	1.950
Mons	16 67	31.095	0,1576	23.100

L'absence de toute constance est évidente. L'hélium se sépare ici nettement des autres gaz inertes. On voit, en outre, que ces rapports sont tous très supérieurs à ce qu'ils sont dans l'air. Le rapport hélium-argon, par exemple, dans le cas où il est le moins fort, à Lens, l'est cependant encore 15,25 fois plus que dans l'air ; et, à Mons, il l'est 31.095 fois plus. Nous donnerons ci-dessous l'explication de l'absence de toute régularité dans ces rapports.

On remarquera la valeur très élevée du rapport hélium-azote du grisou de Mons ; cette valeur correspond à 13 p. 100 d'hélium dans l'azote brut. L'azote brut du grisou de Mons est, à notre connaissance, le plus riche en hélium parmi tous les azotes bruts des mélanges gazeux naturels qui ont été étudiés jusqu'ici (*).

(*) Rappelons, à ce propos, que, d'après nos mesures, le gaz spontané brut de la source Lithium, à Santenay, renferme 10,16 p. 100 d'hélium, et que le rapport hélium-azote y est 18.700 fois plus grand que dans l'air.

b) En dehors des grisous, nous avons pu, utilisant des données de Hamilton P. Cady et David F. Mac Farland (*) et de Emerich Czakó (**), relatives à divers mélanges gazeux naturels riches en gaz combustibles, dresser le tableau ci-dessous, où est envisagé le rapport hélium-azote :

PROVENANCE	AUTEURS	N p. 100 du gaz brut (***)	He p. 100 du gaz brut	$\frac{He}{N}$
Kissármás..............	E. Czakó	0,73	0,0014	0,0017
Neuengamme..........	id.	3,42	0,0111	0,0012
Dexter (Kansas)........	P. Cady et Mac Farland	82,70	1,84	0,022
Euréka (Kansas).......	id.	46,40	1,50	0,032
Moline (Kansas)........	id.	21,85	0,51	0,020
New-Albany (Kansas)...	id.	9,84	0,49	0,050
Garnett (Kansas).......	id.	4,61	0,37	0,080
Buffalo (Kansas)........	id.	2,46	0,27	0,109
Bonner Springs (Kansas).	id.	2,36	0,104	0,044
Lawrence Pipe (Kansas).	id.	1,57	0,17	0,108
Caney (Kansas)........	id.	6,46	0,08	0,012
Sheffield, Mo. (Kansas)..	id.	5,43	0,041	0,007
Tracy Ave (Kansas).....	id.	3,65	0,013	0,0035
Paola (Kansas)........	id.	0,88	0,0093	0,010

En examinant ce tableau, on constate de notables divergences dans les valeurs des rapports. A Kissarmas, par exemple, il est 63 fois plus petit qu'à Buffalo. Il y a cependant lieu d'observer que les écarts sont relativement peu étendus pour la plupart des gaz étudiés par P. Cady et D. Mac Farland : dans 41 échantillons sur 47, le rapport hélium-azote est compris entre 0,01 et 0,11. On trouverait sans doute l'explication de la faible amplitude de ces oscillations dans l'analogie des terrains d'origine et des ter-

---

(*) *Loc. cit.*
(**) *Loc. cit.*
(***) L'hélium est le seul gaz rare que les auteurs aient dosé ; de sorte que ce qu'ils comptent comme azote est très probablement le mélange azote + gaz rares — hélium. C'est dans cette hypothèse que nos calculs de rapports ont été faits.
Ajoutons que beaucoup des échantillons de gaz étudiés sont donnés comme renfermant de petites quantités d'oxygène. Il est vraisemblable que ce gaz provenait d'une contamination par l'air.

rains traversés par les différents gaz, qui proviennent
d'ailleurs tous de la même contrée (Kansas) (*).

Remarquons que l'azote brut de ces gaz américains est
presque toujours très riche en hélium. A Lawrence Pipe,
il en contient 9,77 p. 100, et, à Buffalo, 9,88 p. 100 ;
ces teneurs, comme on le voit, se rapprochent beaucoup
de celle que nous avons rencontrée dans l'azote brut du
grisou de Mons (13 p. 100).

c) Cette absence de toute uniformité dans les rapports
entre l'hélium et les autres gaz inertes, que nous venons
de constater chez les grisous et autres mélanges naturels
riches en gaz combustibles, nous rappelons qu'elle s'observe également (voir notre Introduction, p. 24) chez les
gaz des sources thermales. L'explication du même fait
sera identique dans les deux cas. Si de l'hélium est
engendré sans cesse et partout dans l'écorce terrestre par
les corps radioactifs, le dégagement de ce gaz des
roches où il est occlus dépend de divers facteurs : âge des
roches, perméabilité, température, pression, etc... ; et,
par suite, les valeurs des rapports entre la teneur en
hélium et celles des autres gaz inertes dans les mélanges
gazeux naturels ne sauraient être que fort capricieuses.

Remarque sur le néon. — Le néon est le seul des cinq
gaz rares que nous n'ayons pas encore dosé dans nos
mélanges. Nous ignorons donc les valeurs de ses rapports
avec les autres gaz inertes. C'est une lacune que nous
nous proposons de combler prochainement. L'expérience
fera apparaître la constance ou la variabilité des rapports.
Si les rapports du néon, vis-à-vis de l'argon (ainsi que

(*) P. Cady et D. Mac Farland ont noté que les gaz également riches
en hélium semblent se distribuer géographiquement sur des lignes
semblables à celles suivant lesquelles se placent les gaz possédant la
même teneur en hydrocarbures. Il nous paraît qu'il y aurait lieu de considérer également, au même point de vue, les teneurs en hélium et les
teneurs en azote.

vis-à-vis du krypton et du xénon et aussi de l'azote ;
l'hélium se place à part, d'après ce qui précède) sont
constants, ce sera la preuve, comme c'est le cas pour
l'argon (et aussi pour le krypton, le xénon et l'azote)
qu'il ne se produit actuellement de néon dans la Nature
ni par analyse [désintégration d'autres atomes (*)] ni par
synthèse [fusion d'autres atomes (**)]. Si, au contraire,
on constate la variabilité des rapports, il faudra en conclure qu'il y a actuellement formation de néon, dans la
Nature, par l'un ou l'autre de ces deux processus (***).

D. — CONCLUSIONS.

1° Il est impossible, en considérant dans leur ensemble
les nombreux faits relatifs à l'*azote brut* (azote + gaz rares)
qui ont été rapportés dans ce Mémoire, de ne pas aperce-
voir l'étroite analogie de composition qui s'en dégage
 ..re l'azote brut des grisous ou autres mélanges naturels riches en gaz combustibles, d'une part, et celui des
gaz thermaux, d'autre part. Partout l'azote brut a la
même composition qualitative : azote, hélium, néon, argon,
krypton, xénon. Partout la proportion d'azote est largement prédominante ; partout également les deux gaz rares
les plus abondants sont l'argon et l'hélium, devant lesquels le krypton et le xénon sont toujours, et le néon

---

(*) Voir les réflexions qui ont été présentées à ce sujet dans le
mémoire du *Journal de Chimie-Physique*, t. XI (1913), p. 149.

(**) Nos expériences nous permettent d'affirmer qu'il y a, dans tous
les mélanges gazeux naturels que nous avons eu l'occasion d'étudier
jusqu'à ce jour, des proportions très faibles de néon, et que, de plus,
ces proportions y sont généralement négligeables devant celles de
l'hélium. Nous pouvons donc prévoir, *pour le moins*, que si les rapports du néon avec l'argon (ou avec le krypton, le xénon ou l'azote) se
montrent variables, ils ne peuvent l'être qu'entre des limites beaucoup
moins étendues que dans le cas de l'hélium.

(***) Nous nous bornerons à mentionner ici, pour mémoire, les expériences si suggestives qui se poursuivent à ce double point de vue
dans le laboratoire de Sir William Ramsay.

presque toujours, négligeables. Partout encore, nous trouvons que les rapports krypton-argon sont voisins les uns des autres, ainsi que les rapports xénon-argon et xénon-krypton, et aussi ceux de chacun de ces gaz avec l'azote. Dans les diverses catégories de mélanges gazeux, enfin, nous constatons la même irrégularité dans les rapports entre l'hélium, d'un côté, et, de l'autre, l'azote, l'argon, le krypton et le xénon (*), contrastant manifestement avec la fixité des rapports mutuels de ces derniers éléments.

Une telle ressemblance ne peut se comprendre que si tous ces azotes bruts ont une origine commune.

Considérons, en effet, pour fixer les idées, l'azote brut des grisous et celui des gaz thermaux. Si ces deux azotes bruts avaient une origine différente, la similitude dans la composition qualitative pourrait, à la grande rigueur, se concevoir ; mais comment s'expliquerait-on la constance des rapports mutuels entre l'azote, l'argon, le krypton et le xénon dans tous les mélanges ? Il faut donc que l'origine des azotes bruts soit commune.

2° Une conséquence de cette manière de voir est que l'azote des grisous ne peut provenir de la houille. S'il en était ainsi, en effet, la houille devrait être la source de tous les azotes bruts, puisque les azotes bruts doivent avoir nécessairement tous la même origine : et l'azote, avec les gaz rares, dont il resterait à trouver la provenance, devrait donc passer des houilles grisouteuses dans les sources thermales. Or c'la est inadmissible, attendu que les terrains houillers ne constituent qu'une minime fraction de l'écorce terrestre, et qu'il y a des sources thermales dans toutes les contrées, houillères ou non. L'azote du grisou n'est donc pas issu de la houille. C'est de l'azote *minéral*, qui, sans aucun doute

---

(*) Nous rappelons que les données quantitatives précises nous manquent en ce qui concerne le néon.

possible, vient d'ailleurs, ainsi que les gaz rares qui l'accompagnent (*).

On prouverait par le même raisonnement que l'azote des gaz de pétrole a également une origine minérale, et que, comme les gaz rares, il vient aussi d'ailleurs.

On peut donc dire que chaque valeur des rapports mutuels entre l'azote, l'argon, le krypton et le xénon, sensiblement la même dans tous les mé.anges gazeux naturels, caractérise l'azote brut de ces mélanges et en est comme la « marque de fabrique ». L'air atmosphérique, rappelons-le, ne fait pas exception à la règle, puisque les divers rapports y présentent des valeurs voisines de celles qu'on trouve dans les mélanges souterrains. Et l'analogie qui apparaît, à ce point de vue, entre l'atmosphère externe et l'atmosphère interne de la Terre ne laisse pas que d'être fort suggestive (**).

3° Cet azote brut, dont nous venons ainsi de prouver la communauté d'origine pour tous les mélanges gazeux naturels, d'où provient-il ?

Nous remonterons ici encore, comme nous l'avons fait lorsque nous nous sommes proposé d'expliquer la constance de nos rapports, jusqu'à la nébuleuse solaire.

La masse gazeuse incandescente devait être un mélange relativement homogène dans ses différentes parties. Le fragment constitutif de la Terre s'étant détaché, celle-ci comprend bientôt trois régions concentriques : une masse en fusion, une écorce solide hétérogène et l'atmosphère gazeuse. Au cours de l'évolution continue de la Planète,

---

(*) Th. Schlœsing fils (*loc. cit.*) était arrivé à conclure également que l'azote des grisous ne pouvait être issu de la houille. Il pensait qu'il provenait de l'atmosphère: la houille aurait emprisonné de l'air en donnant naissance au grisou. Nous proposerons plus loin (en 3°) une autre explication.

(**) Observons que l'azote brut de l'air atmosphérique s'écarte de la plupart des azotes bruts des mélanges souterrains par sa faible teneur en hélium (1/160000).

tandis que les autres éléments contractaient des combinaisons mutuelles, les gaz rares, en vertu de leur inertie chimique, et aussi, en grande partie, l'azote, élément *relativement* inerte, sont demeurés libres, et comme ils sont difficilement liquéfiables, ils ont conservé l'état gazeux ; et leurs rapports quantitatifs mutuels, dans l'atmosphère externe comme dans les mélanges gazeux souterrains qui furent emprisonnés ou occlus dans les roches de l'écorce au moment de sa solidification, ont dû se maintenir peu différents de ce qu'ils étaient au début (*).

Bref, notre *azote brut* (azote + gaz rares) a gardé intact son cachet d'origine depuis l'époque de la nébuleuse jusqu'à nos jours.

4° L'azote brut occlus est susceptible d'être dégagé par diverses causes, parmi lesquelles l'action des eaux profondes n'est, sans doute, pas la moins importante (**). Celui qui est emprisonné (dans des poches plus ou moins volumineuses) peut être libéré sous l'influence de mouvements d'ensemble ou locaux de l'écorce : tremblements de terre, éruptions volcaniques, etc., amenant des ruptures et des dislocations. Quels que soient les mécanismes, l'azote brut, une fois mis en liberté, se répandra de proche en proche, à travers les fissures, entraîné par les eaux, par diffusion, etc., dans les différents milieux de l'écorce. Il pénétrera, notamment, dans la houille, et ira se mêler au méthane du grisou. Il rencontrera également les pétroles, et, avec les hydrocarbures volatils de ces derniers, il s'échappera dans l'atmosphère.

_____

(*) Hormis ce qui regarde l'hélium, dont nous savons qu'il y a production continue aux dépens des corps radioactifs dans l'écorce terrestre, et qui est plus ou moins abondant dans les mélanges souterrains, par rapport aux autres gaz inertes, suivant la nature des terrains traversés.

(**) Armand Gautier a émis l'idée que la plus grande partie des gaz thermaux doit provenir du noyau terrestre incandescent (*Revue scientifique*, 2 et 7 novembre 1907).

7

On prévoit, ainsi, que tous les gaz issus du sein de la terre : gaz thermaux, grisous, gaz de pétroles, gaz volcaniques, etc., devront contenir une certaine proportion de cet azote brut, et c'est là une prévision que l'expérience vérifie complètement.

5° L'azote brut des mélanges naturels, nous ne saurions trop le répéter, se reconnaît partout et toujours à sa marque de fabrique : l'inertie chimique de l'azote, de l'argon, du krypton et du xénon, et la propriété que possèdent ces gaz d'être difficilement liquéfiables, font que chacun de leurs rapports quantitatifs mutuels présente, dans les différents mélanges, une valeur toujours voisine de la valeur moyenne correspondante. Cette loi de constance ne peut être altérée que par des processus physiques : occlusion, dissolution, diffusion, etc., c'est-à-dire entre des limites peu étendues.

Nous avons observé, en fait, quelques écarts relativement notables dans les grisous. Cela n'a rien qui doive nous surprendre, puisque le charbon est une matière susceptible d'absorber les différents gaz dans des proportions fort inégales et, par suite, de leur faire subir un véritable fractionnement (*). Ailleurs, le fractionnement naturel peut être opéré par diffusion, par dissolution, etc., et les effets produits varieront suivant les conditions de température et de pression, suivant la nature du solvant, etc.

A la réflexion, on voit donc que ce serait la constance rigoureuse des rapports qui devrait nous surprendre.

6° Nous venons, en ce qui concerne les légères variations des rapports mutuels entre l'azote, l'argon, le krypton et le xénon, de considérer les mélanges naturels dans leur ensemble. Un intérêt particulier s'attache à la com-

---

(*) On se souvient que c'est précisément sur cette propriété que reposent nos méthodes de détermination qualitative et quantitative des différents gaz rares.

paraison, au même point de vue, des mélanges souterrains et de l'air atmosphérique.

On sait que l'atmosphère externe de la Terre se raréfie à mesure qu'on s'élève. La distribution de chaque gaz en hauteur obéit, théoriquement, à une loi exponentielle, laquelle, avec des coefficients différents, est de même forme pour tous. Conformément à cette loi, la teneur de l'air en gaz légers croît avec l'altitude, tandis que les gaz lourds se concentrent dans les basses régions. D'un autre côté, ainsi que la Mécanique permet de le démontrer, toutes les molécules qui, dans les couches extérieures de notre atmosphère, sont animées d'une vitesse d'au moins 11^{km},2 par seconde et se dirigent vers l'espace, doivent échapper à l'attraction terrestre. Or les gaz les plus légers étant ceux dont la vitesse moyenne des molécules est la plus élevée et dont la concentration dans ces régions est en même temps la plus forte, on voit que les molécules susceptibles de quitter l'atmosphère sont plus nombreuses pour ces gaz que pour les gaz plus lourds. Il se produit donc ainsi une distillation continue et fractionnée de gaz des basses régions vers les hautes régions, et de celles-ci vers les espaces célestes. On comprend qu'en vertu de ce mécanisme la teneur de l'air en gaz lourds doit croître avec le temps (*). Si cette manière de voir est exacte, le rapport xénon-argon, par exemple, doit être plus grand dans l'air actuel qu'il ne l'était dans l'air initial (**).

Or, d'après notre hypothèse astrophysique, l'azote brut des mélanges gazeux souterrains n'est autre que celui de l'air

---

(*) On peut ajouter que l'atmosphère ultime de la Terre, nécessairement très raréfiée, devra être constituée surtout par le gaz le plus lourd, qui est le xénon (nous faisons abstraction ici de l'émanation du radium ou niton, gaz qui est plus dense encore que le xénon).

(**) Notre attention a été appelée sur les relations de composition entre l'air initial et l'air actuel, à la suite de quelques remarques que nous a aimablement faites M. Georges Urbain.

initial ; il semble donc que les rapports dans l'air actuel
devraient être supérieurs à ceux de cet azote brut. Il
n'en est rien, du moins en général ; et l'on observe, au
contraire, que les valeurs moyennes des rapports dans les
gaz souterrains surpassent les valeurs des mêmes rapports dans l'air.

Nous estimons qu'on ne saurait voir là une infirmation
de notre hypothèse. La déduction qui précède suppose,
en effet, que la composition de l'azote brut initial n'a pu
s'altérer d'aucune manière au cours de l'évolution de la
Planète. Et cela est manifestement invraisemblable, étant
données les causes physiques multiples de variabilité aux-
quelles est perpétuellement soumise la composition des
mélanges gazeux naturels. D'ailleurs, si l'azote brut initial s'était conservé absolument intact, chacun des rapports devrait avoir la même valeur dans tous les mélanges
gazeux souterrains ; et nous avons, au contraire, signalé
des écarts relativement notables et fait observer que ces
écarts devaient nécessairement se rencontrer.

Quant au fait que le rapport xénon-argon dans les mélanges souterrains se rencontre généralement plus grand
que dans l'air actuel, alors que, d'après le raisonnement
ci-dessus, il devrait y être plus petit, diverses considérations seraient susceptibles d'en rendre compte. Par
exemple, on pourrait faire intervenir la respiration de la
Terre, phénomène au cours duquel les gaz les plus légers
diffusent de l'écorce dans l'atmosphère plus rapidement
que les autres ; il y a donc, de ce fait, accroissement
du rapport xénon-argon dans les gaz souterrains. On pourrait encore invoquer les phénomènes de dissolution,
qui opéreraient un fractionnement plus ou moins avancé
de l'azote brut, avec augmentation du rapport xénon-
argon dans la partie dissoute, laquelle pourrait ensuite
se trouver libérée.

En réalité, le problème est vraisemblablement très

complexe. D'importantes données, qui nous font encore défaut, seraient indispensables pour une discussion fructueuse. Il conviendra, notamment, d'étudier l'azote brut des mélanges gazeux dissous dans les eaux (eaux superficielles, eaux de la mer, eaux thermales) et dans les pétroles, ainsi que celui qui est occlus dans les diverses variétés de roches (roches primitives, roches sédimentaires, charbons, etc...).

Nous ne saurions clore ce Mémoire sans faire observer toute la variété des problèmes qu'on est conduit à envisager quand on étudie la dissémination des gaz rares dans la nature. La raison en est dans la situation toute privilégiée qu'occupent l'argon et ses congénères vis-à-vis des autres éléments. Leur complète inertie, qui les place, pour ainsi dire, en marge de la chimie, leur permet de résister, en restant sains et saufs, à tous les cataclysmes de l'Astronomie et de la Géologie. Grâce, en outre, à la propriété dont ils jouissent d'être difficilement liquéfiables, ils ont accès dans tous les fluides et dans toutes les atmosphères, où les cinq membres de la famille voyagent librement et toujours de compagnie. Un autre gaz, sinon absolument, du moins relativement, inerte, l'azote, les accompagne partout ; il est leur diluant constant. C'est un rôle bien suggestif que celui de l'hélium dans les processus de l'Évolution de la Matière, et quelle destinée exceptionnelle que celle de ces divers éléments dans les phénomènes de la Physique du Globe et de l'Évolution des Mondes ! Nombreuses et importantes sont les lacunes expérimentales qui apparaissent de tous côtés quand on médite ces vastes questions. A les combler nous convions tous ceux qu'intéresse l'Histoire de la Terre.

TABLE DES MATIÈRES.

INTRODUCTION.

CHAPITRE Iᵉʳ.

TECHNIQUE EXPÉRIMENTALE.

CHAPITRE II.

RÉSULTATS.

CHAPITRE III.

CONSIDÉRATIONS DIVERSES. — CONCLUSIONS.

Tours. — Imprimerie DESLIS FRÈRES ET Cⁱᵉ.

www.ingramcontent.com/pod-product-compliance
Lightning Source LLC
Chambersburg PA
CBHW071519200326
41519CB00019B/5995